讓人出乎意料的動物演化史

動物的滅絕與進化圖鑑

川崎悟司

木村由莉 監修

黃品玟 譯

前言

說到動物園最受歡迎的動物，那就是長頸鹿、大象、獅子或是熊貓了，這些生存在現代的生物叫做「現生動物」，在動物園可以看見從世界各地蒐集而來的活生生現生動物。另一方面，說到恐龍圖鑑中最受歡迎的動物，那就是暴龍和三角龍了。若是記載很久以前的動物的圖鑑，比較常見到的是猛瑪象或劍齒虎等冰河時期滅絕的哺乳類。早已滅絕的恐龍或冰河時期的哺乳類，都是存活在人類歷史以前的動物，即使能透過埋在地層內的化石約略了解牠們的存在，也無法像現生動物一樣，看到活生生的模樣。這些很久以前確實生活在地球上，然而現在只能透過留下的痕跡獲得資訊的動物，我們特別稱為「史前生物」。現生動物和史前生物有著上述這些不同，因此在圖鑑當中，現生動物的圖鑑是「動物圖鑑」，史前生物則是「史前生物圖鑑」或「恐龍圖鑑」，一般會當作不同的分類。

在本書中沒有將動物分為現生動物與史前生物不同的領域，而是歸類在同一個系統下介紹。譬如長頸鹿，除了大家熟悉的、脖子很長的現生長頸鹿之外，也會介紹在脖子變長以前，長得像鹿的史前長頸鹿同類。另外，雖然現在的地球上有許多種動物生活著，但其多樣性是源自於不斷重複著進化和滅絕、至今已經不存在的史前生物。為了讓讀者能宏觀地想像如此龐大的故事，我在編寫此書時分外留意生物系統。大致說明的話，第1章至第3章是距離我們比較近的哺乳類系統，第4章是距離我們較遙遠的爬蟲類和鳥類系統，而第5章則是介紹前4章提到的系統之共同祖先，即魚類和兩棲類的系統。

本書是2012年發行的《ならべてくらべる動物進化図鑑》的改訂版，不過這已經超越「改訂」的範疇，除了編排，連內容也大幅度更新。對於系統相關內容提供建議的，是這次參與監修的日本國立科學博物館的木村由莉小姐。木村小姐細心地指導了我解說和復原圖的相關事項，我想在此深表感激。

許多博物館都能看到各種動物的標本，每個標本的背後，都有動物們滅絕及進化的悠久歷史，比起完全不知道歷史就上門參觀，還是知道後再去參觀，更可以在博物館享受到好幾倍的樂趣。不僅會改變對於標本的看法，也能夠獲得更多的見解。若本書能提供給各位這樣的契機，將是我無上的光榮。

2019年2月

川崎悟司

目錄

本書是基於2012年12月發行的《ならべてくらべる動物進化図鑑》內容，大幅加筆、修正，並重新編輯而成。

以2019年2月當時的最新資料為基礎製作。

頁面的閱讀方式

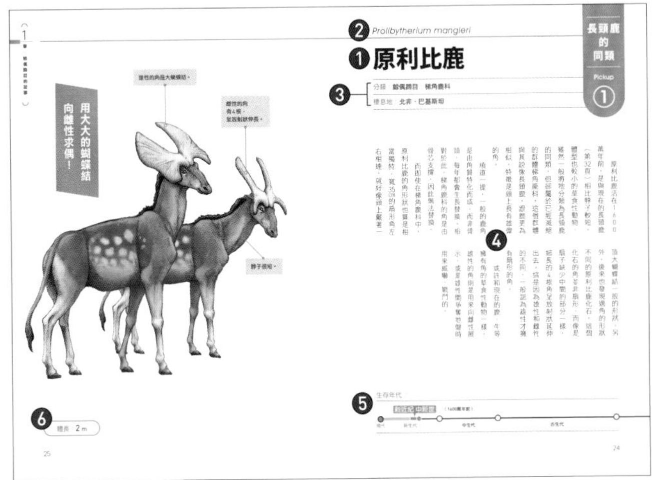

❶ **名字**　一般常見的標準名。有中文名字就用中文名字，沒有中文字就用英文的學名標示。

❷ **學名**　世界共通使用的學術上的名字。

❸ **分類**　所屬的族群。

棲息地　若為史前種（滅絕種），就是發現化石的地點，若為現生種則是主要棲息地。

❹ **解說**　在「**同類的歷史**」頁面會解說其同類從起源至今滅絕和進化的歷史，「**Pickup**」及「**來比較看看吧！**」的頁面，會進行物種的詳細解說。困難的用語請參考本書最後的「**用語解說**」。

❺ **生存年代**　化石被發現的地層年代。另外會用顏色表示，牠們的同類或該物種本身，是在地球漫長歷史上的什麼時候登場、生存著。淺色代表該物種的同類從起源到現在的時間，深色代表該物種生存過的推測時間。

❻ **體型大小**　**全長**代表從鼻子前端到尾巴末端的長度，**體長**代表從鼻子前端到尾巴根部的長度，**肩高**代表從地面到肩膀的高度，**展翅寬**代表展翅後的寬度，**龜殼長**代表龜殼的長度。

為什麼可以從化石知道活著的年代？

歷經漫長的歲月，由黏土、沙子、火山灰、生物屍體等堆積重疊而成的層，就叫做地層。只要知道化石是從地層的哪個部分挖掘出來的，我們就可以得知化石活著時的年代。另外，根據地層中發現的化石來區分的年代，就叫做「地質年代」，能夠讓我們推測出植物和動物們繁盛和滅絕的時期。

那麼，就讓我們一探究竟，看看地球在不同年代發生過什麼樣的變化，同時又有哪種動物生存著吧！

古生代
寒武紀
5億4100萬～4億8500萬年前

這個年代發生了急速的生物多樣性發展，名為寒武紀大爆發。地球在這之前只有幾種物種，卻突然誕生了超過1萬種的生物。一般認為在寒武紀初期，幾乎所有和現在息息相關的無脊椎動物都到齊了。

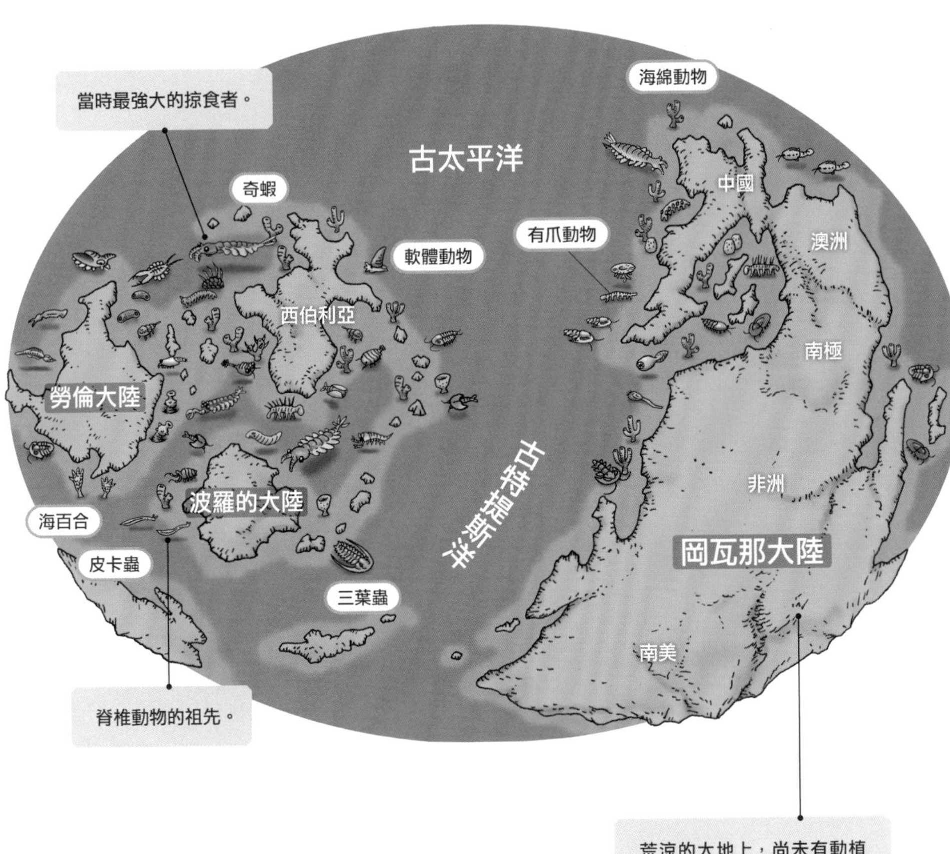

志留紀

4億4300萬～4億1900萬年前

奧陶紀

4億8500萬～4億4300萬年前

奧陶紀末期，約有多達85%的物種大量滅絕。另外，在志留紀時形成了臭氧層，使得抵達地面的有害紫外線減少，植物初次出現在陸地上。

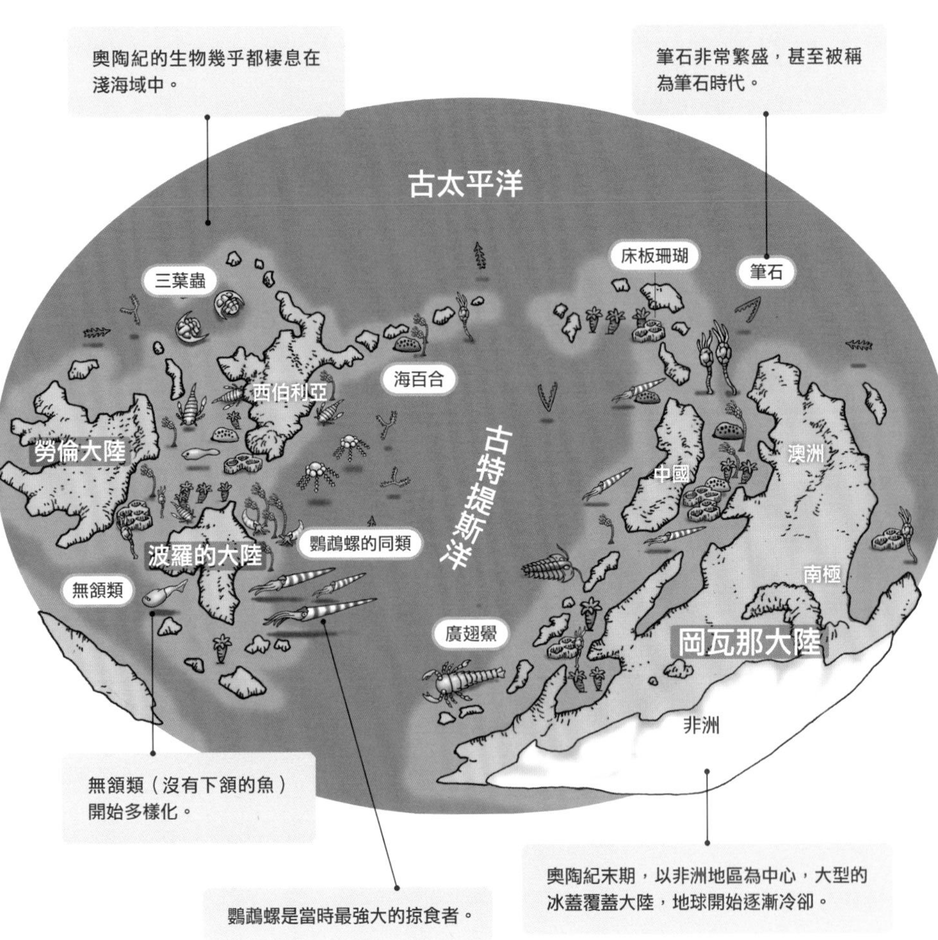
奧陶紀的生物幾乎都棲息在淺海域中。
筆石非常繁盛，甚至被稱為筆石時代。
古太平洋
床板珊瑚
筆石
三葉蟲
海百合
西伯利亞
勞倫大陸
古特提斯洋
中國
澳洲
鸚鵡螺的同類
波羅的大陸
南極
無頜類
廣翅鱟
岡瓦那大陸
非洲
無頜類（沒有下頜的魚）開始多樣化。
奧陶紀末期，以非洲地區為中心，大型的冰蓋覆蓋大陸，地球開始逐漸冷卻。
鸚鵡螺是當時最強大的掠食者。

泥盆紀

4億1900萬～3億5800萬年前

出現了最早的四足動物，也就是兩棲類動物，在此之前都只棲息在水中的動物第一次來到陸地上。另外，蕨類植物和種子植物出現，開始形成森林。

地球開始綠化！第一次形成森林。

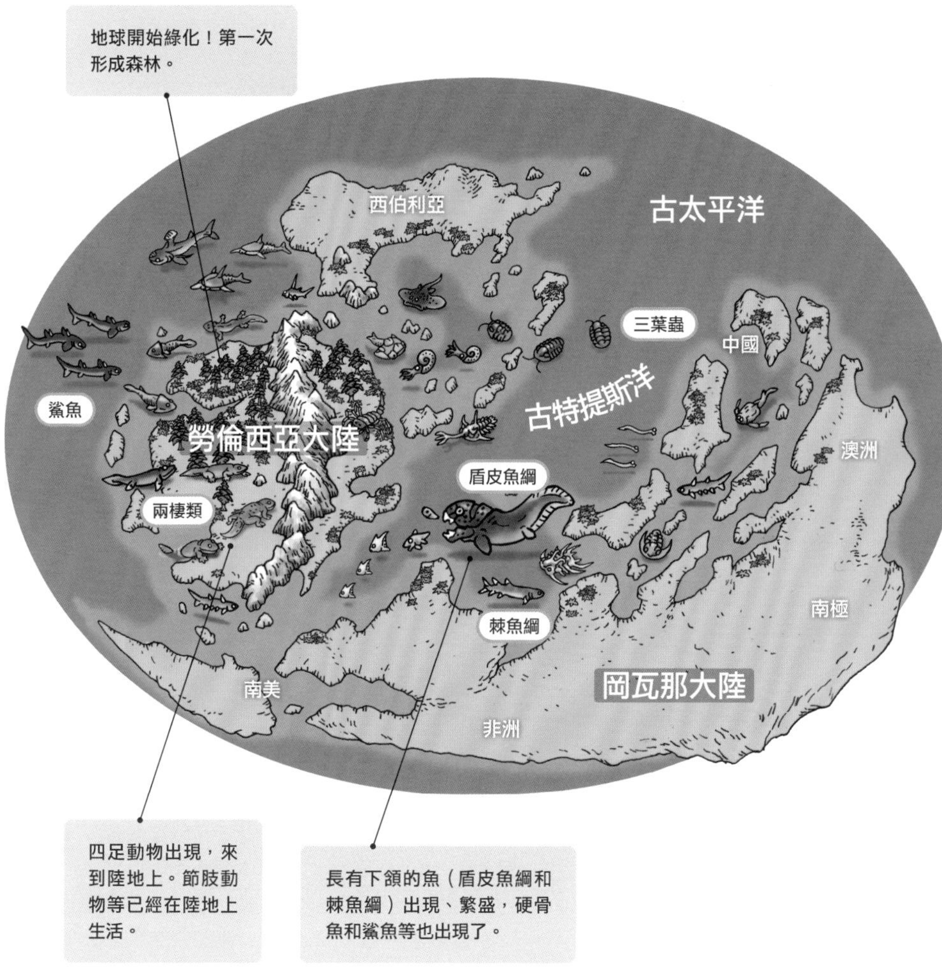

四足動物出現，來到陸地上。節肢動物等已經在陸地上生活。

長有下頷的魚（盾皮魚綱和棘魚綱）出現、繁盛，硬骨魚和鯊魚等也出現了。

石炭紀

3億5800萬～2億9900萬年前

爬蟲類出現，開始在陸地上產卵，動物來到陸地上的速度加快了。同時，這個年代的氧氣濃度最高，也是昆蟲顯著巨大化的年代。

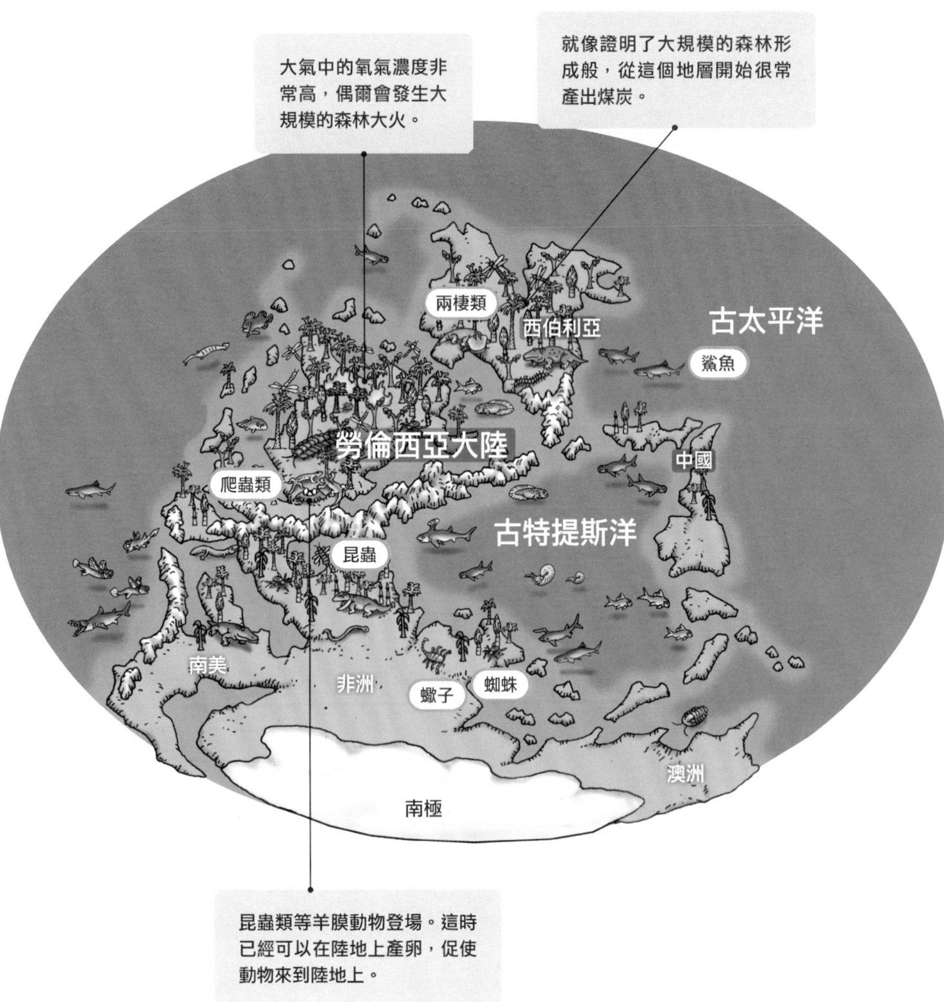
大氣中的氧氣濃度非常高，偶爾會發生大規模的森林大火。
就像證明了大規模的森林形成般，從這個地層開始很常產出煤炭。
兩棲類
西伯利亞
古太平洋
鯊魚
勞倫西亞大陸
中國
爬蟲類
古特提斯洋
昆蟲
南美
非洲
蠍子
蜘蛛
澳洲
南極
昆蟲類等羊膜動物登場。這時已經可以在陸地上產卵，促使動物來到陸地上。

二疊紀

2億9900萬～2億5200萬年前

哺乳類的祖先合弓綱出現了。另外，二疊紀末期發生史上最大的大滅絕，據說有95%的物種消失了。

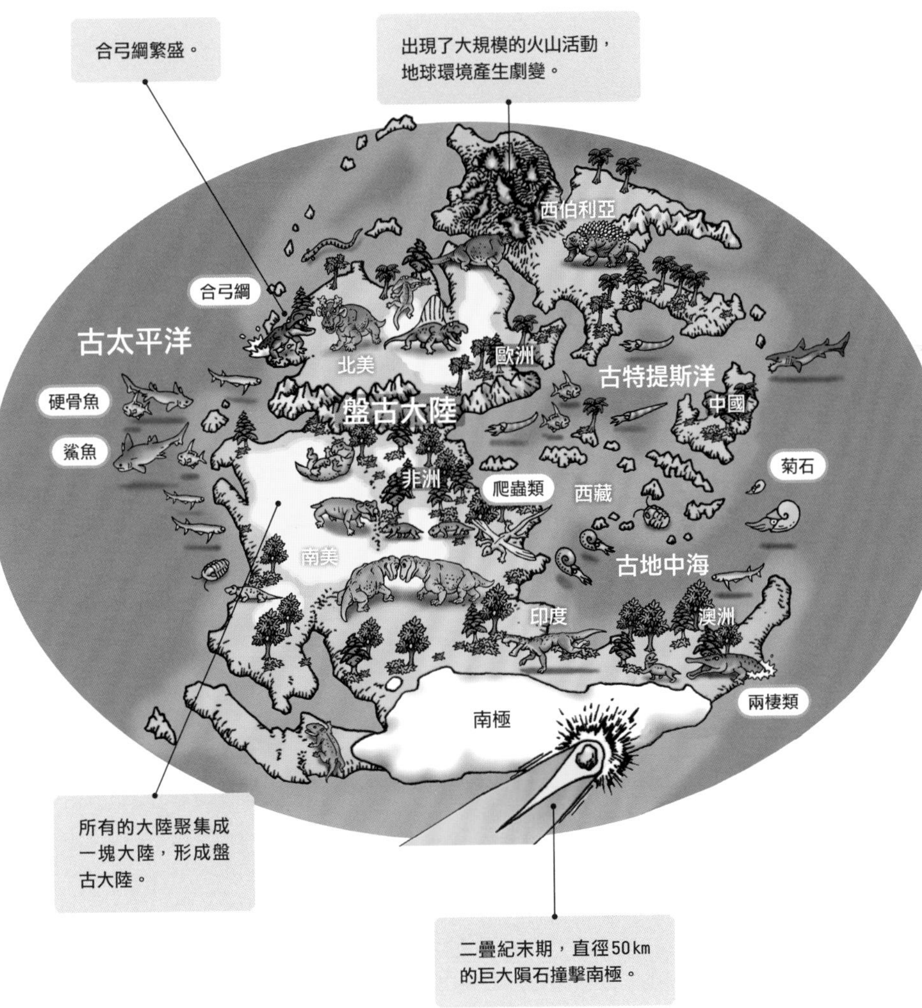

中生代

三疊紀

2億5200萬～2億100萬年前

環境愈來愈乾燥，能適應乾燥環境的爬蟲類繁盛了起來。此時也是恐龍和哺乳類誕生的年代。另外，三疊紀末期發生了使得76%物種消失的大滅絕。

大陸聚集成一塊，使得內陸變得極度乾燥。

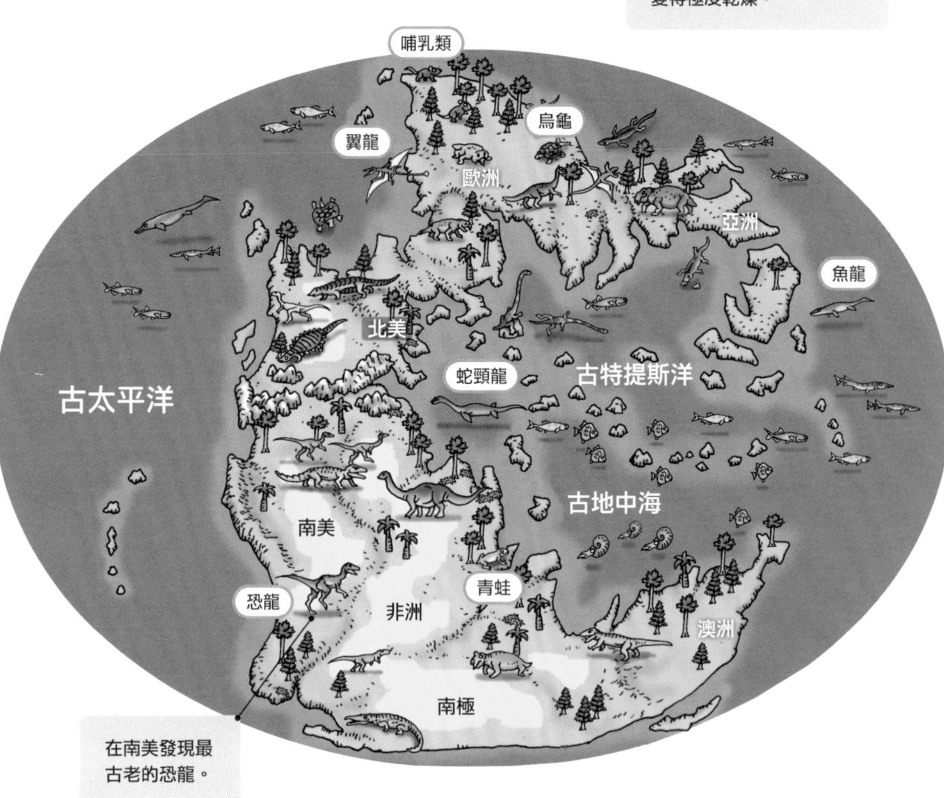

在南美發現最古老的恐龍。

侏儸紀

2億100萬～1億4500萬年前

這個年代是恐龍最為繁盛的年代，體型巨大的肉食性恐龍和草食性恐龍統治了陸地。另外，這個年代也出現由恐龍進化而成的鳥類。

恐龍最繁盛的年代，體型也明顯變得巨大。

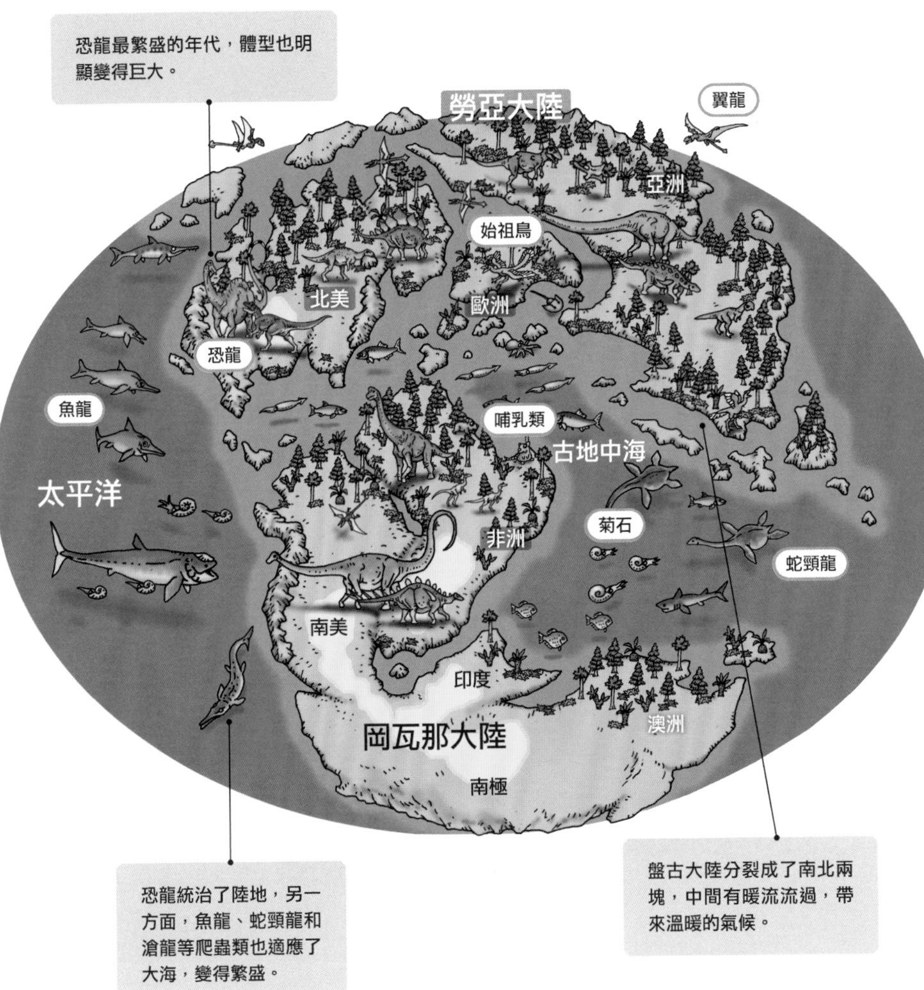

恐龍統治了陸地，另一方面，魚龍、蛇頸龍和滄龍等爬蟲類也適應了大海，變得繁盛。

盤古大陸分裂成了南北兩塊，中間有暖流流過，帶來溫暖的氣候。

白堊紀

1億4500萬～6600萬年前

恐龍在這個年代進化成各式各樣的樣子。不過，在白堊紀末期發生大滅絕的時候，恐龍和菊石全數滅絕了。

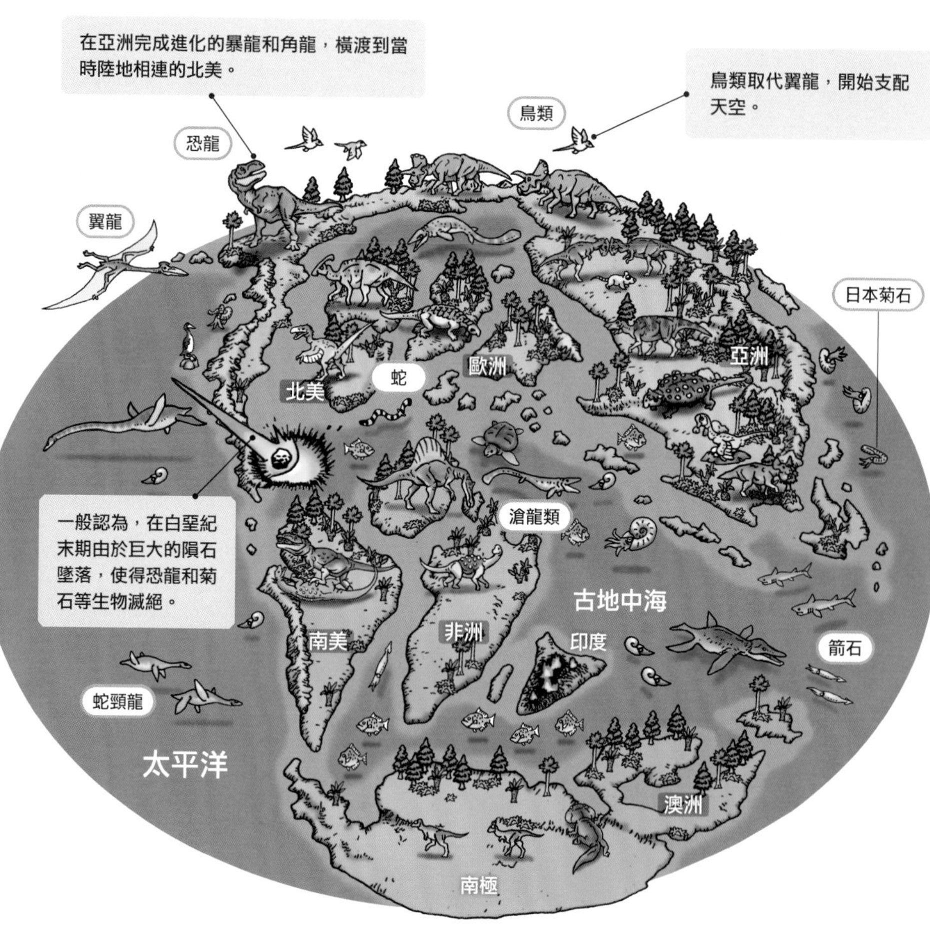
在亞洲完成進化的暴龍和角龍，橫渡到當時陸地相連的北美。
鳥類取代翼龍，開始支配天空。
鳥類
恐龍
翼龍
日本菊石
亞洲
歐洲
蛇
北美
滄龍類
一般認為，在白堊紀末期由於巨大的隕石墜落，使得恐龍和菊石等生物滅絕。
古地中海
南美
非洲
印度
箭石
蛇頸龍
太平洋
澳洲
南極

新生代

古近紀

6600萬～2300萬年前

漸新世 | 始新世 | 古新世

哺乳類取代白堊紀末期滅絕的恐龍，在這個年代繁盛、體型變得龐大。陸地上的草原變得寬廣。

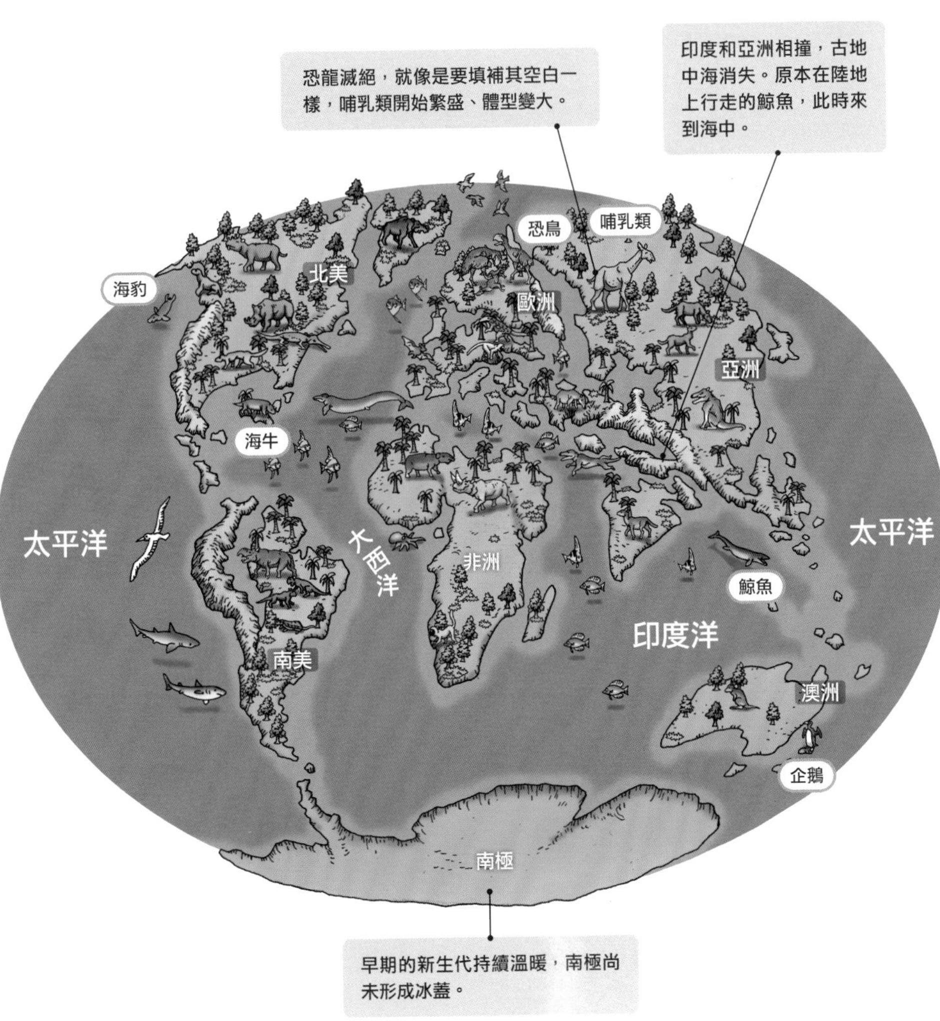
恐龍滅絕，就像是要填補其空白一樣，哺乳類開始繁盛、體型變大。
印度和亞洲相撞，古地中海消失。原本在陸地上行走的鯨魚，此時來到海中。
恐鳥
哺乳類
海豹
北美
歐洲
亞洲
海牛
太平洋
大西洋
非洲
鯨魚
太平洋
印度洋
南美
澳洲
企鵝
南極
早期的新生代持續溫暖，南極尚未形成冰蓋。

新近紀

2300萬～258萬年前

上新世 中新世

氣候持續寒冷乾燥，草原的範圍更加擴大。在這個年代，人類祖先的猿人出現了。

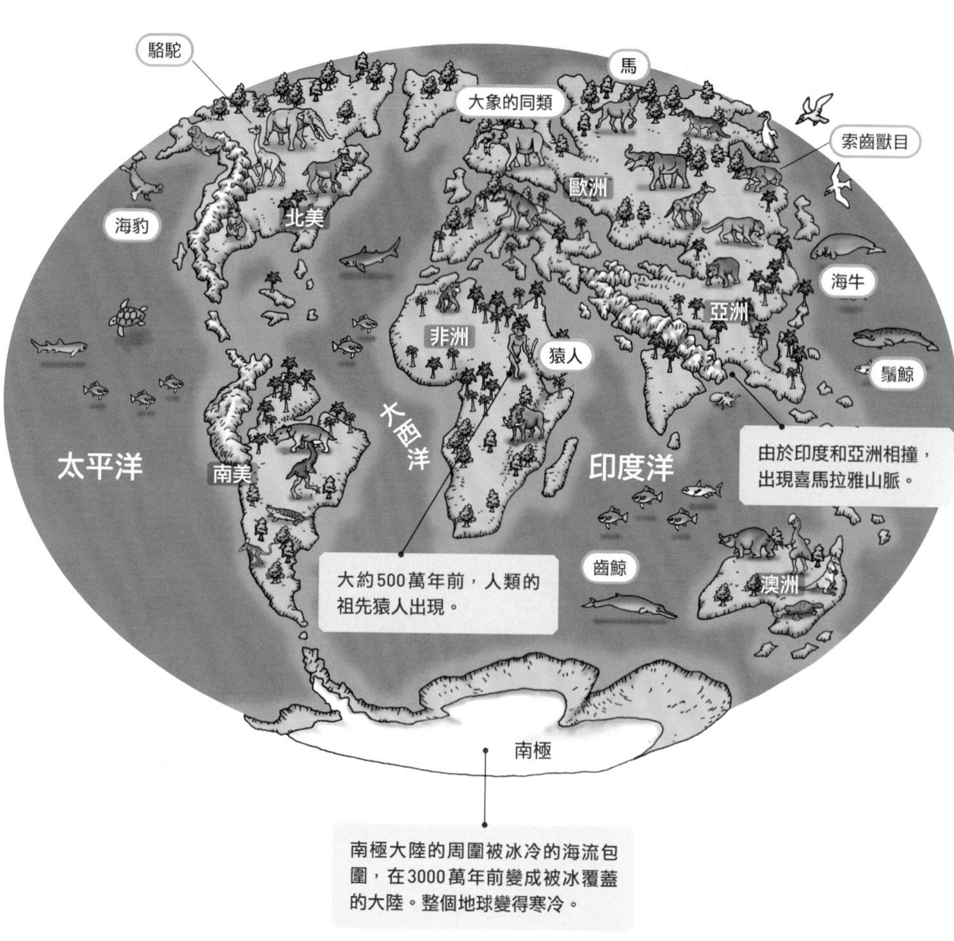
駱駝
馬
大象的同類
索齒獸目
海豹
北美
歐洲
海牛
亞洲
非洲
猿人
鬚鯨
大西洋
太平洋
南美
印度洋
由於印度和亞洲相撞，出現喜馬拉雅山脈。
齒鯨
澳洲
大約500萬年前，人類的祖先猿人出現。
南極
南極大陸的周圍被冰冷的海流包圍，在3000萬年前變成被冰覆蓋的大陸。整個地球變得寒冷。

第四紀

258萬年前～現代

全新世　更新世

人類出現，在世界各地逐漸拓展生活圈。

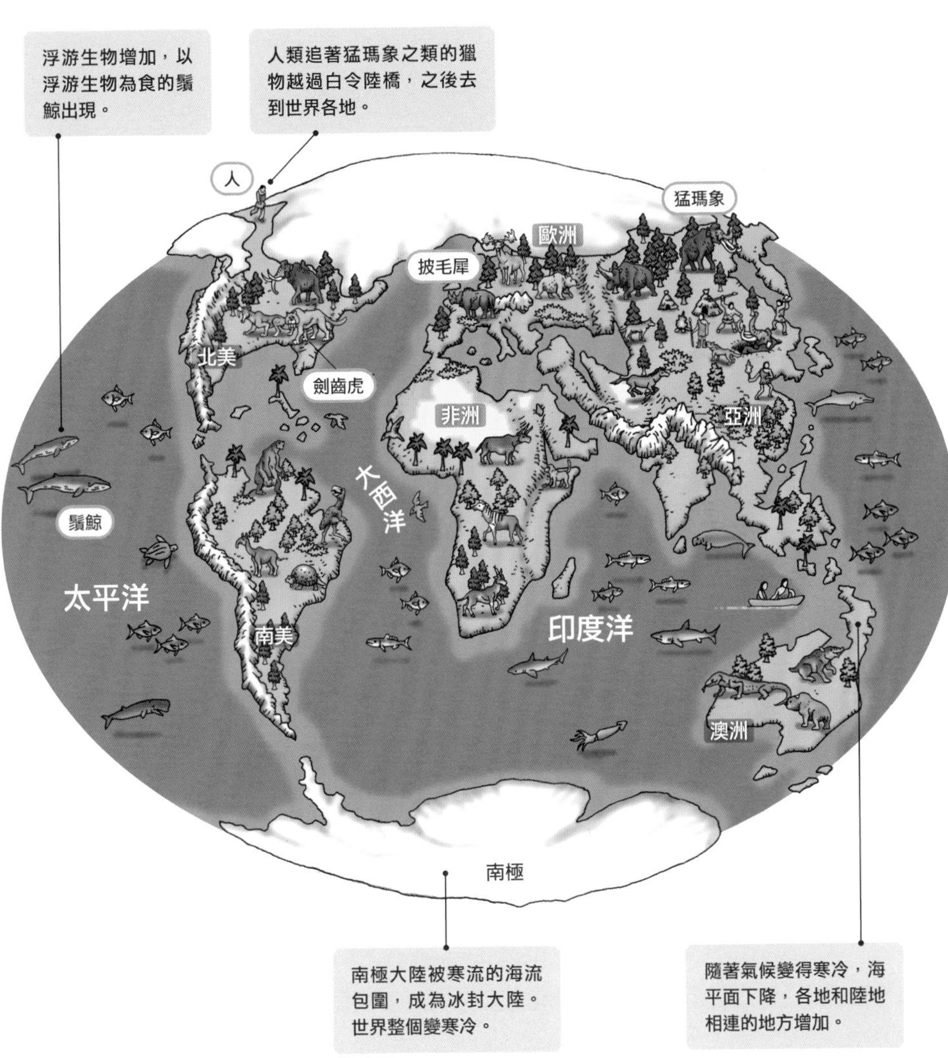

浮游生物增加，以浮游生物為食的鬚鯨出現。
人類追著猛瑪象之類的獵物越過白令陸橋，之後去到世界各地。
人
猛瑪象
歐洲
披毛犀
北美
劍齒虎
非洲
亞洲
大西洋
鬚鯨
太平洋
印度洋
南美
澳洲
南極
南極大陸被寒流的海流包圍，成為冰封大陸。世界整個變寒冷。
隨著氣候變得寒冷，海平面下降，各地和陸地相連的地方增加。

動物的進化與系統

生物都是從40億年前誕生的某一個生命中，分支而出、進化，邊各自適應不同的環境，邊增加新的族群。本書所登場的動物，大致上從脊椎動物分支而出，一般認為魚類在古生代、兩棲類和爬蟲類在中生代、哺乳類主要在新生代進化成各種不同的物種而繁盛至今。特別是6600萬年前的中生代白堊紀及新生代古近紀之間發生的大滅絕（K－Pg界線），正是促使哺乳類

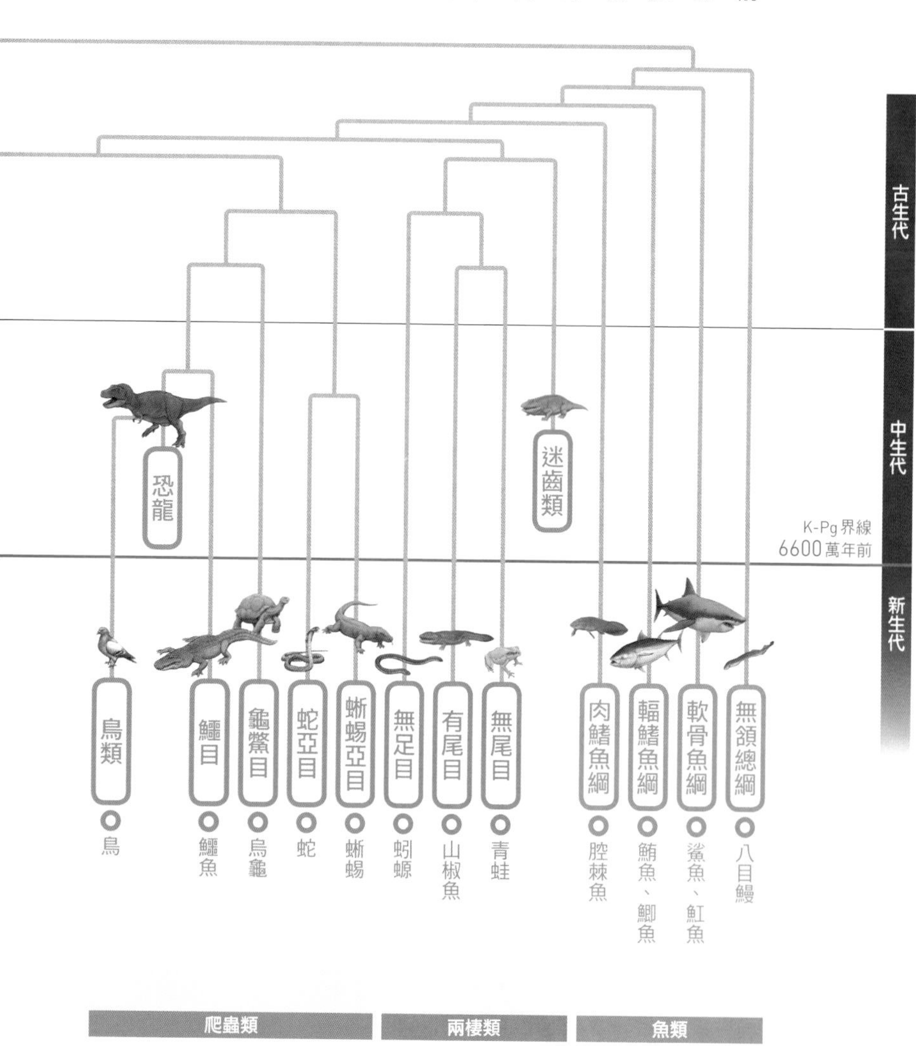

進化以及我們人類出現的重要契機。

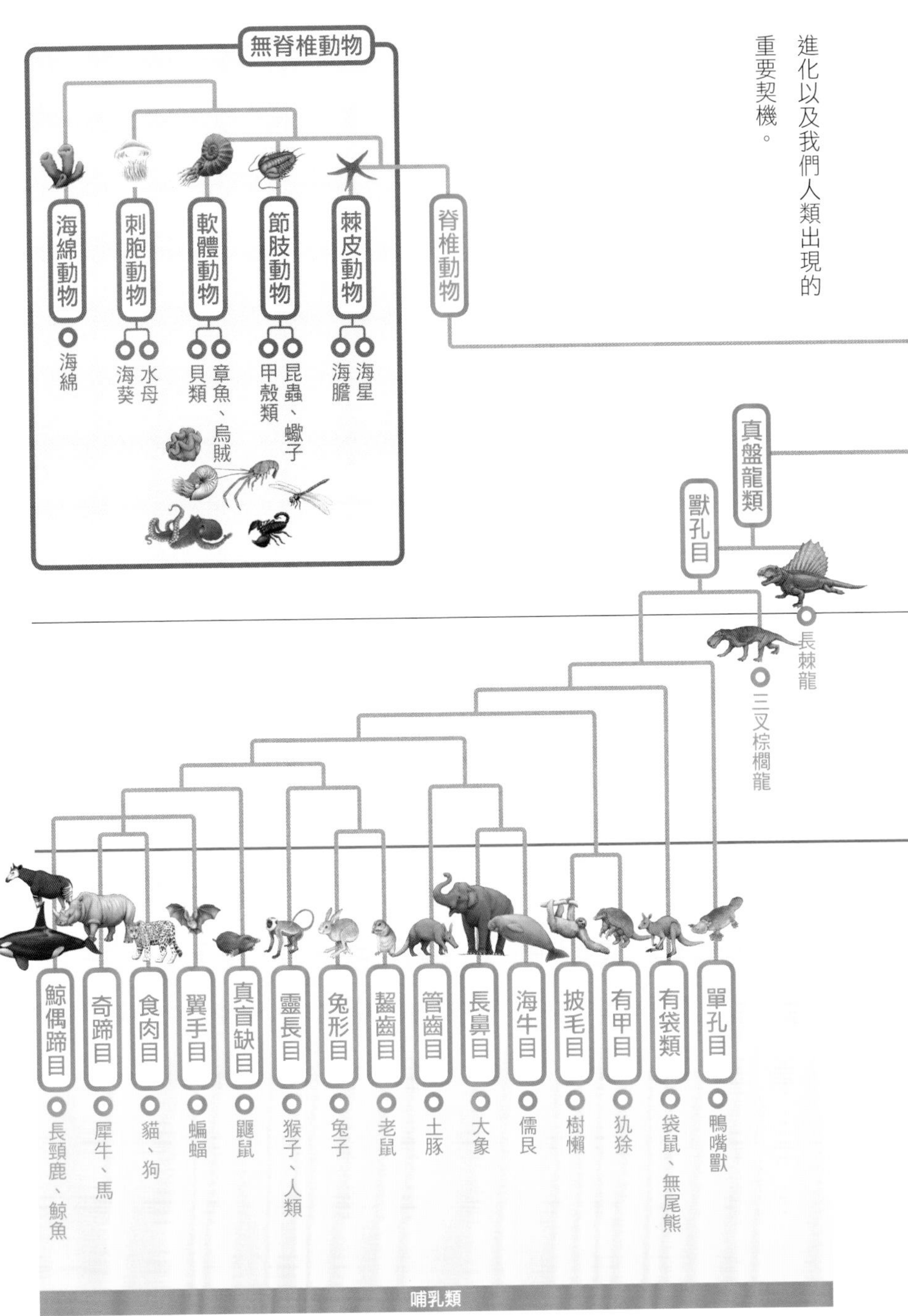

無脊椎動物
海綿動物
海綿
刺胞動物
水母
海葵
軟體動物
章魚、烏賊
貝類
節肢動物
昆蟲、蠍子
甲殼類
棘皮動物
海星
海膽
脊椎動物
真盤龍類
獸孔目
長棘龍
三叉棕櫚龍
鯨偶蹄目
長頸鹿、鯨魚
奇蹄目
犀牛、馬
食肉目
貓、狗
翼手目
蝙蝠
真盲缺目
鼴鼠
靈長目
猴子、人類
兔形目
兔子
齧齒目
老鼠
管齒目
土豚
長鼻目
大象
海牛目
儒艮
披毛目
樹懶
有甲目
犰狳
有袋類
袋鼠、無尾熊
單孔目
鴨嘴獸
哺乳類

長頸鹿和鯨魚是親戚。

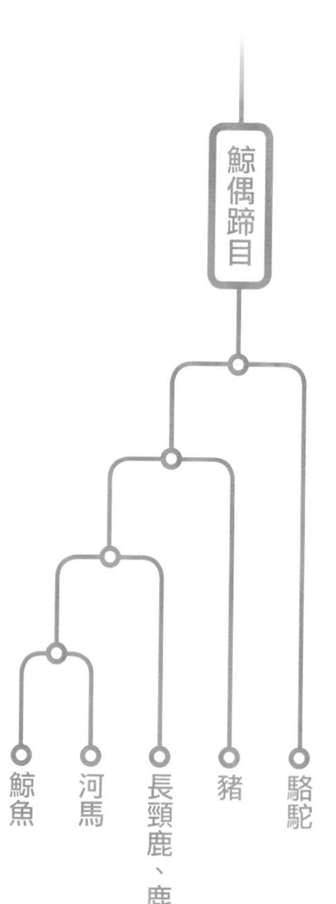

近年來，用新的方法重新探討動物分類的研究有所進展，其中一個方法就是基因分析。透過基因分析，我們得知了鯨魚和河馬是關係相當密切的近親。

河馬是屬於「偶蹄類」的動物。在偶蹄類這個群體中，除了河馬以外，其他還有長頸鹿、駱駝、牛、豬等動物。這些動物共同的特徵就是腳上的蹄都是2個、4個的偶數，因此這些長有偶數蹄的動物，就被稱為偶蹄類。然而，就像一開始提到的，河馬和鯨魚是關係非常密切的近親，甚至比起長頸鹿和牛，河馬更加地接近鯨魚。因此，就有人提出新的看法，認為應該把鯨魚列入偶蹄類。於是新的分類名稱「鯨偶蹄目」就誕生了。

雖然很難想像在陸地上生活的長頸鹿、駱駝、牛等偶蹄類，和在海中游泳的鯨魚是同類，但其實在遙遠的5000萬年前，鯨魚的祖先和偶蹄類同樣都是用4隻腳在陸地上行走的動物。鯨魚的祖先將生活的地方從陸地上轉移到水中，而在這個過程中，原本行走用的腳變成了游泳用的鰭，最後變成像現在的鯨魚或海豚一樣適合游泳的模樣。

在所有的哺乳類當中，鯨偶蹄目算是特別繁盛的大型群體，棲息在世界上各種不同的地方。熱帶草原上有長頸鹿，沙漠裡有駱駝，水邊有河馬，每種動物都各自變成適合當下環境的身體結構。其中，鯨魚和海豚棲息在大海裡，完全過著水中生活，由於和其他鯨偶蹄目棲息的環境相差甚遠，因此雖然是同一種類，卻進化成如此不同的模樣。

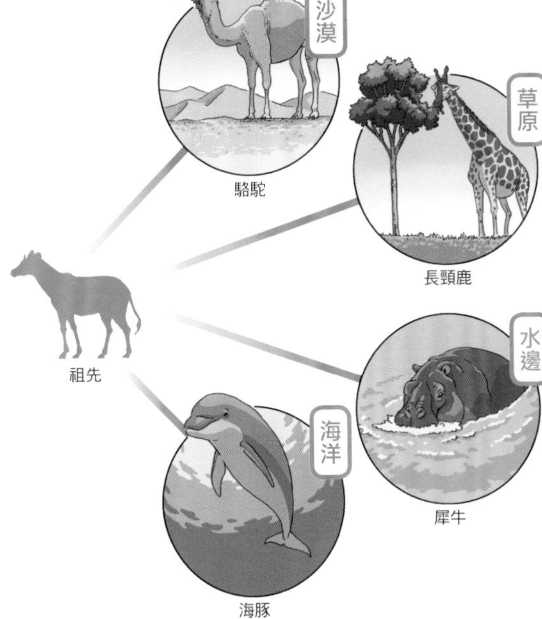

長頸鹿同類的歷史

現在的長頸鹿同類共有兩種，分別是棲息在非洲熱帶草原的長頸鹿，以及棲息在密林之中的歐卡皮鹿（獾㹢狓）。沒有長脖子的歐卡皮鹿和長頸鹿完全不像，在1900～1901年發現當時還被認為是斑馬的同類或者是羚羊的新種，直到1902年仔細調查過頭骨後，才知道牠是長頸鹿的同類。歐卡皮鹿還有幾個跟長頸鹿一樣的特徵，包括深藍色並且可以伸長到耳朵的長舌頭，以及頭上長有英文稱

為ossicone的長頸鹿角（被皮膚覆蓋的角狀突起）。

而根據我們所發現的化石，最古老的長頸鹿同類，是在新近紀的中新世，也就是1800萬年前曾棲息在森林裡的古鹿獸，牠是一種類似歐卡皮鹿的草食動物。這個年代的氣候不斷變得寒冷乾燥，森林面積減少、草原擴大。即使如此依舊留在森林裡，維持著原始模樣直到現在的，就是短脖子的現生種歐卡皮鹿了。而另一方面，理所當然地也會有進入草原的古鹿獸，那就演變成了和現在的長頸鹿息息相關的系統。這些古鹿獸為了在草原奔跑而腳變長，為了配合變高的身體脖子也變長。不過，牠們之所以能夠擁有比任何草食性動物都還奇特的長脖子，是因為在頭部後方長有叫做細脈網（rete mirabile）的網狀微血管。其實歐卡皮鹿也有細脈網，一般認為長頸鹿的所有祖先都有這種構造。

長頸鹿的同類中也有許多短脖子的物種，例如西瓦鹿和梵天獸，但牠們卻因為在食物的爭奪上輸給牛或羚羊等草食性動物，數量逐漸減少。而其中，長頸鹿因為脖子較長能夠獨佔任何草食性動物都勾不到的高處，才得以生存至今。

現代

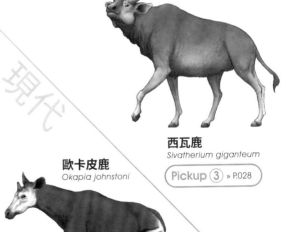

長頸鹿
Giraffa camelopardalis
Pickup 5 » P.032

西瓦鹿
Sivatherium giganteum
Pickup 3 » P.028

歐卡皮鹿
Okapia johnstoni
Pickup 4 » P.030

Prolibytherium mangieri

原利比鹿

長頸鹿的同類

Pickup ①

分類：鯨偶蹄目　梯角鹿科

棲息地：北非、巴基斯坦

原利比鹿活在1600萬年前，是與現在的長頸鹿（第32頁）相比脖子較短，體型也較小的草食性動物。雖然一般將牠分類為長頸鹿的同類，但卻屬於已經滅絕的群體梯角鹿科。這個群體與其說像長頸鹿，跟鹿更為相似，特徵是頭上長有雄偉的角。

順道一提，一般的鹿角是由角質特化而成，而非骨頭，每年都會生長替換。相對於此，梯角鹿科的角是由骨芯支撐，因此無法替換。

而即使在梯角鹿科中，原利比鹿的角形狀也算是相當獨特，寬35cm的扇形角左右相連，就好像頭上戴著一頂大蝴蝶結一般的形狀。另外，後來也發現過角的形狀不同的原利比鹿化石，這個化石的角並非扇形，而像是扇子缺少中間的部分一樣，細長的4根角呈放射狀延伸出去。這是因為雄性和雌性的不同，一般認為雄性才擁有扇形的角。

或許和現在的鹿、牛等擁有角的草食性動物一樣，雄性的角則是用來向雌性展示，或是雄性間爭奪地盤時用來威嚇、戰鬥的。

生存年代：

新近紀 中新世　（1600萬年前）

現代　新生代　中生代　古生代

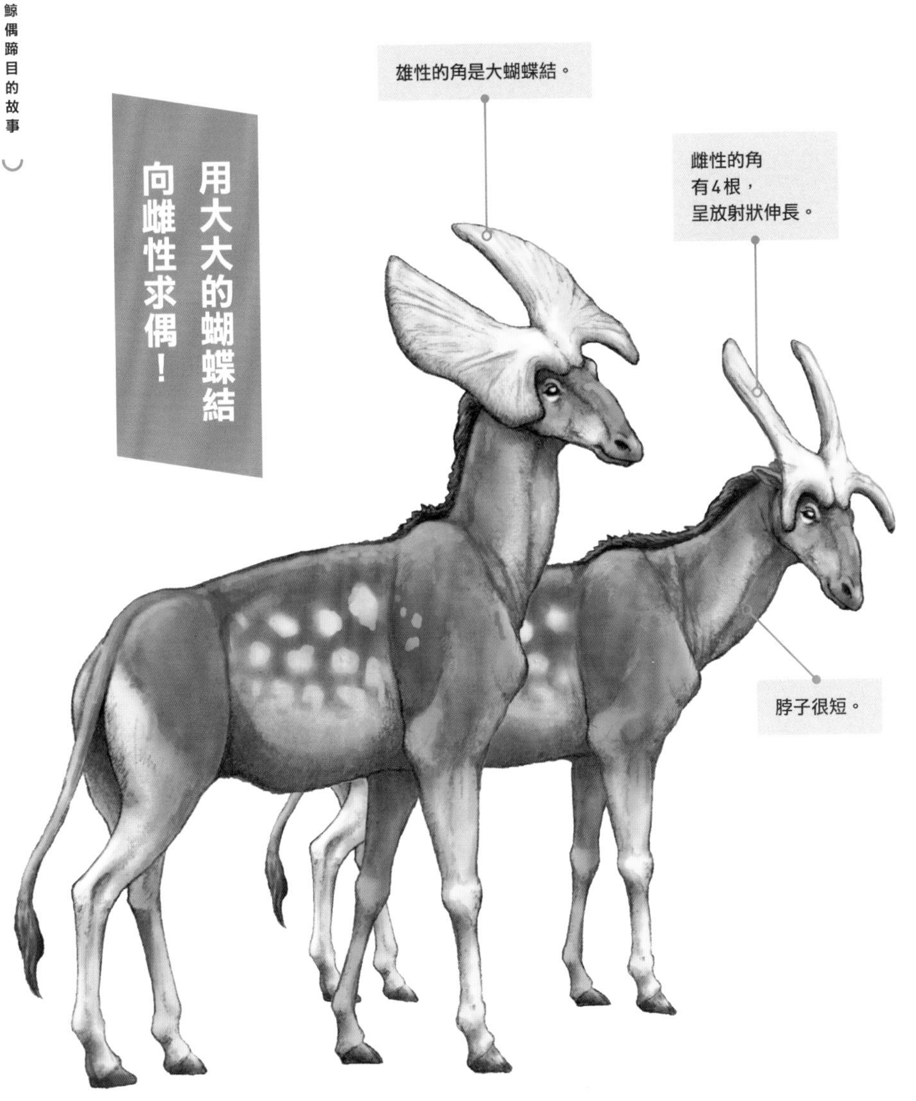
用大大的蝴蝶結
向雌性求偶！
雄性的角是大蝴蝶結。
雌性的角
有4根，
呈放射狀伸長。
脖子很短。

體長：2 m

Samotherium

薩摩獸

分類：鯨偶蹄目　長頸鹿科

棲息地：亞洲、歐洲、非洲

現在長頸鹿科的動物分為長頸鹿（第32頁）和歐卡皮鹿（第30頁），而薩摩獸的模樣正好介於兩者之間，真要說的話，牠就像是長頸鹿脖子變長到一半的動物。

在生物系統上，雖然薩摩獸和住在熱帶雨林中的歐卡皮鹿是近親，不過一般認為牠已經離開了熱帶雨林，棲息於樹木稀少的熱帶草原上，並靠著吃高處樹木的葉子生活。薩摩獸和長頸鹿的角不同，特徵是有4根角，分成2個分支。在2015年，發表了一篇比較長頸鹿科脖子長度的研究。這個研究廣泛比較了從滅絕種到現生種的長頸鹿科之頸椎（脖子的骨頭）長度。去除例外，哺乳類的頸椎一般都有7節，長頸鹿科的動物也同樣有7節頸椎。也就是說，只要比較頸椎的長度，就能知道脖子的長度。長頸鹿是讓每一節的頸椎變長，才讓脖子變長的。調查薩摩獸的頸椎之後，可以看出上半部的頸椎（靠近頭部那一側）已經拉長，有脖子變長的傾向；而比薩摩獸脖子還長的現生種長頸鹿，觀察頸椎後可以看出上半部和下半部的頸椎都有拉長。從這件事我們可以得知，長頸鹿科的動物脖子是先從上半部拉長，接著再從下半部拉長，即經歷過兩個階段變長的。

生存年代：

新近紀 中新世～上新世

現代　新生代　中生代　古生代

銜接歐卡皮鹿和長頸鹿演化中的模樣？

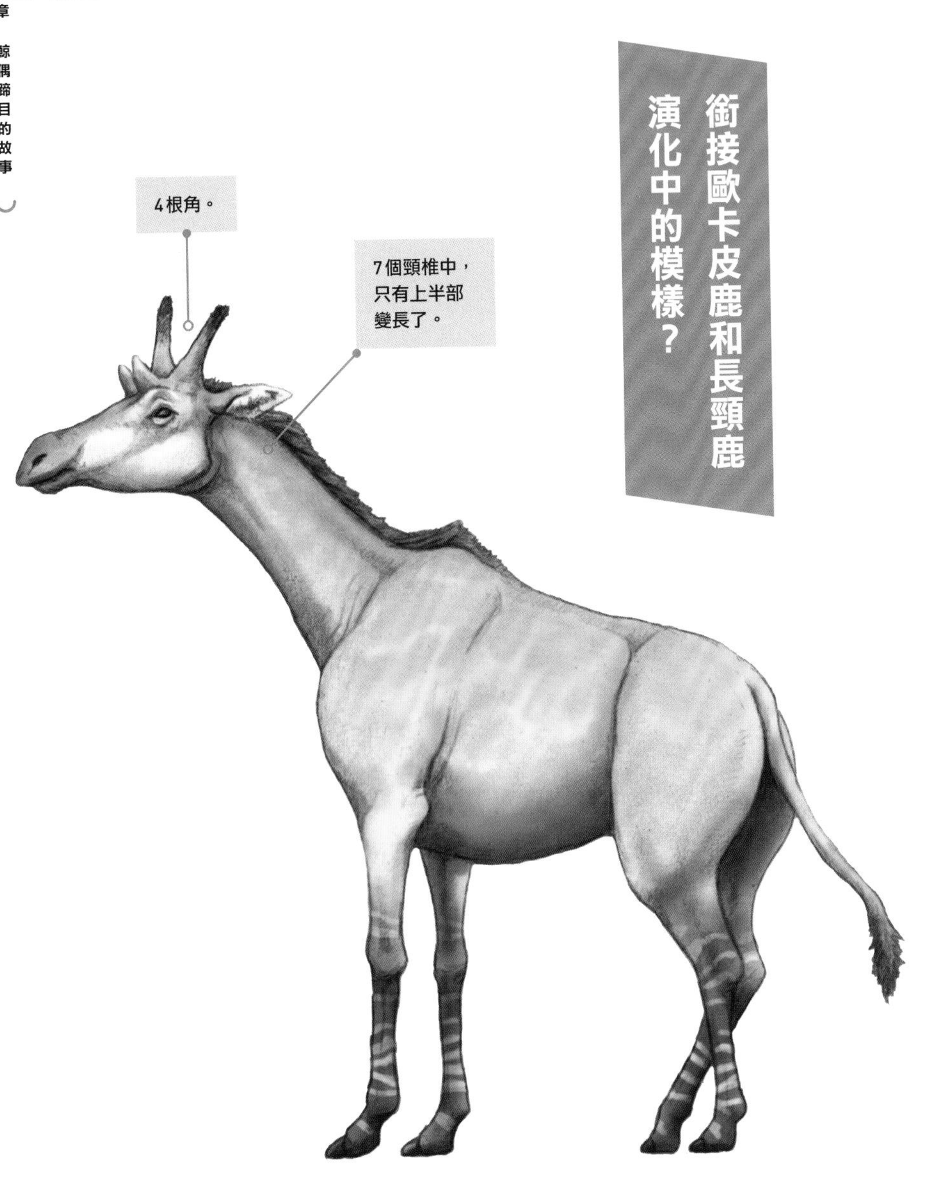

4根角。
7個頸椎中，只有上半部變長了。

體長：3 m

長頸鹿的同類

Pickup

Sivatherium giganteum

西瓦鹿

分類：鯨偶蹄目　長頸鹿科

棲息地：亞洲、歐洲、非洲

西瓦鹿是長頸鹿大約1萬年前左右滅絕的同類。雖然在亞洲、非洲等地都有發現了化石，但是由於模式種是在印度發現的，因此學名*Sivatherium*（濕婆獸）取自在印度佔多數的宗教印度教中最高貴的神祇之一「破壞之神濕婆（Shiva）」。西瓦鹿的體型不像現在的長頸鹿一般苗條，而是像牛一樣壯碩，雖然身體大小比不上現在的長頸鹿，但體重卻比較重，也有人說牠在古今的長頸鹿同類中是最重的。長頸鹿的同類誕生於新生代中期，那是個全世界都變得寒冷、乾燥，從森林變成草原的地區不斷增加的年代，原本生活在森林裡的動物們，也不得不來到草原上生活。其中脖子和腳變長、身高變高的長頸鹿，一般認為是為了能獨佔、食用草原上稀疏的高聳樹木上的葉子，適應環境進化成這個模樣。另一方面，西瓦鹿和這類長頸鹿的同類不同，牠為了能夠食用生長在地面上較難以消化的堅硬禾本科植物而逐漸進化。牠的消化器官變得特別發達，而為了容納變大的消化器官，軀體也跟著變大，變得和牛的同類生態一樣。最後，牠們必須和牛的同類爭奪糧食，或許是在競爭中落敗才因而滅絕。

生存年代：

新近紀 上新世～第四紀 更新世（500萬年～1萬年前）

現代　新生代　中生代　古生代

不是水牛，也不是駝鹿。

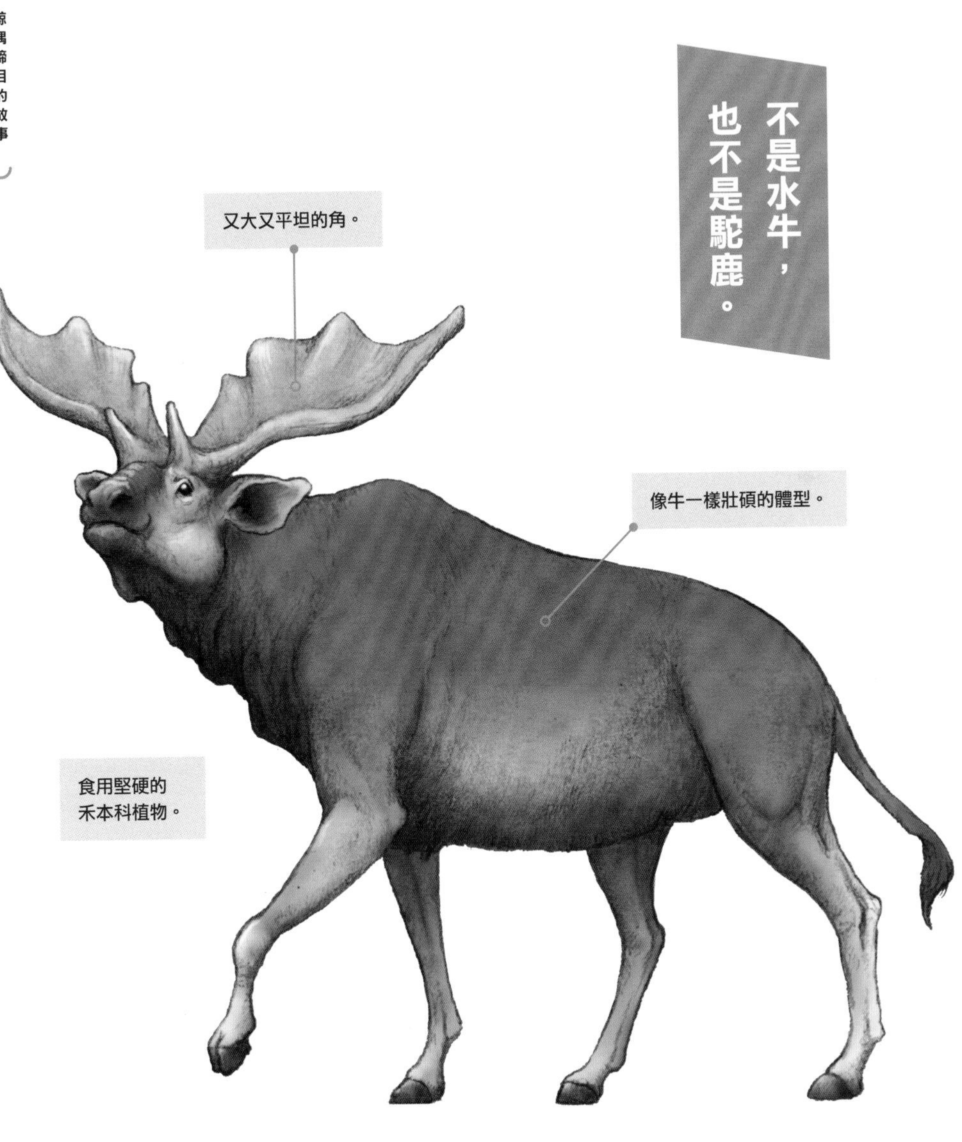
又大又平坦的角。
像牛一樣壯碩的體型。
食用堅硬的
禾本科植物。

肩高：2 m

Okapia johnstoni

歐卡皮鹿（獾㹢狓）

分類：鯨偶蹄目　長頸鹿科

棲息地：非洲

歐卡皮鹿是種相當珍貴的動物，和大熊貓、侏儒河馬並列「世界三大珍獸」之一。在非洲的叢林中，牠們不會成群結隊，而是單獨生活，由於警戒心強，一直不為人知地靜靜生活著，有很長一段時間沒有人知道牠們的存在。人們第一次發現歐卡皮鹿的存在，是在剛進入20世紀的1901年。由於腳上的斑紋很美麗，世人也稱牠為「森林的貴婦人」。當初由於歐卡皮鹿的體型和毛皮上的斑紋，人們認為牠和生存在草原上的斑馬是同一種動物。名字「歐卡皮」在當地原住民的語言中代表「森林中的馬」的意思。不過，奇蹄目的馬只會有一個蹄，而歐卡皮鹿的蹄分為兩趾，而且頭上也有長角，因此我們得知牠不是馬，而是長頸鹿的同類。雖然體型差異甚大，不過歐卡皮鹿的頭上長有被毛皮覆蓋的長頸鹿角（ossicone），也會用長到耳朵的舌頭靈巧地摘下樹上的葉子，有好幾個和長頸鹿共同的特徵。一般認為歐卡皮鹿是較接近於長頸鹿祖先的原始動物，因此也被稱為「活化石」。很久以前，棲息在森林中類似歐卡皮鹿的動物，來到草原並適應環境、進化成現在的長頸鹿；而沒有離開森林，以原本的模樣生存的就是歐卡皮鹿。

生存年代：

現代

新生代　中生代　古生代

靜靜地在森林中持續生活的原始長頸鹿。

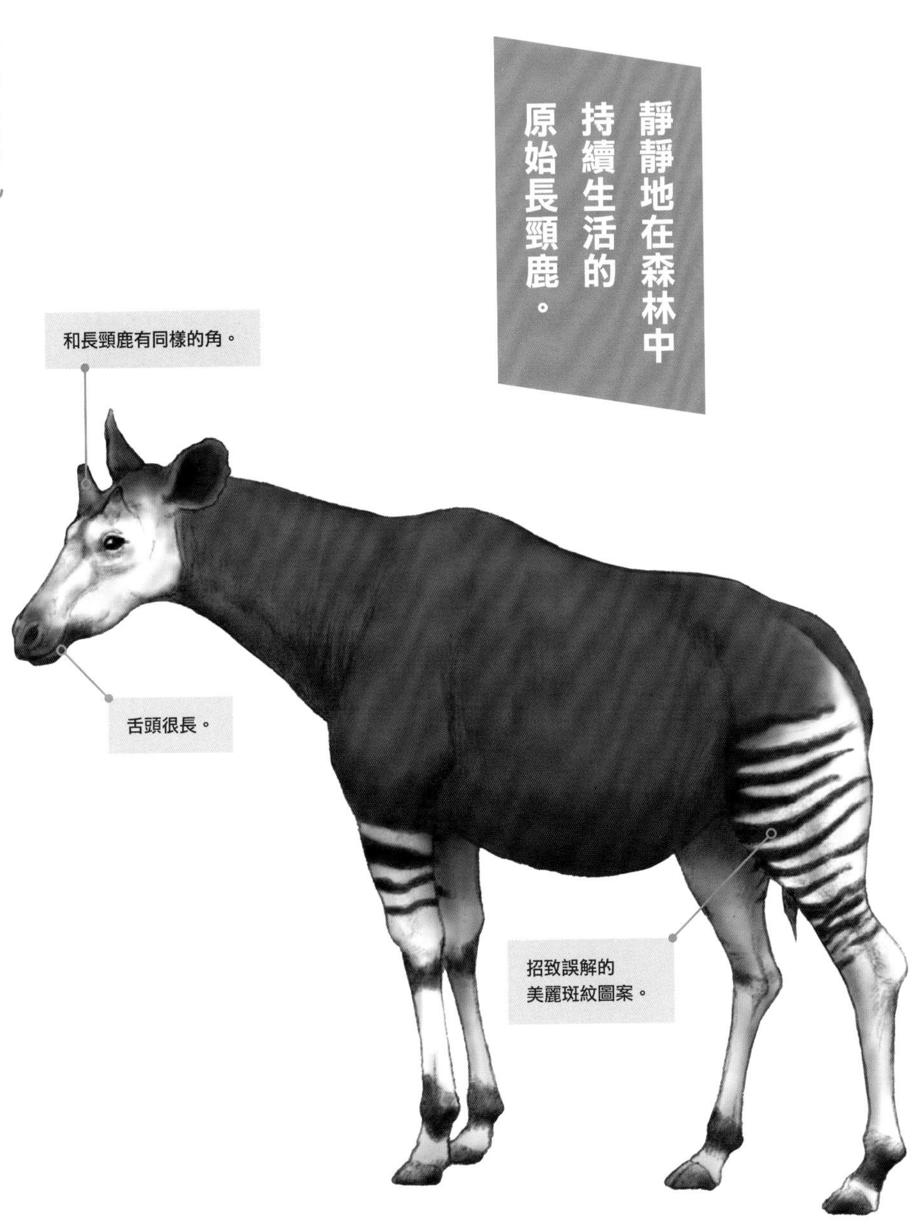

和長頸鹿有同樣的角。
舌頭很長。
招致誤解的
美麗斑紋圖案。

體長：2 m

Giraffa camelopardalis

長頸鹿

分類：鯨偶蹄目　長頸鹿科

棲息地：非洲

長頸鹿的學名「*Giraffa camelopardalis*」，意思是「跑得快、豹紋的駱駝」。和外表不符，牠們能夠以時速約50km的速度奔跑，外表也確實像長有豹紋的駱駝。雖然可以理解用這樣的外表和行為特徵來命名學名，然而居然將可以說是長頸鹿之代名詞的「長脖子」放著不管，這點也讓人很意外。這個先暫且不論，脖子很長、在現生動物中個子最高、視力也極佳的長頸鹿，在視野廣闊的熱帶草原上，能夠比其他動物看得更遠，除此之外牠們也能獨佔高處植物的葉子，用長達40cm的舌頭捲住樹木的葉子吃掉。雖然長脖子有許多種優點，但另一方面，由於長頸鹿的大腦位於心臟上方2m的位置，因此需要很高的血壓才能將血液輸送到頭部。人類的最高血壓平均為160mmHg，而長頸鹿的最高血壓竟然平均為260mmHg。雖然長頸鹿的血壓非常高，不過牠的頭部後方有叫做細脈網（rete mirabile）的網狀微血管，能夠讓血壓分散，使得輸送到腦部的血壓穩定。多虧如此，即使長頸鹿為了喝水低下頭，也不會輸送過多的血液到腦部；即使血壓很高，長時間站立也不會暈眩。

生存年代：

現代

新生代　中生代　古生代

脖子很長的高人氣動物 實際上血壓相當高。

長頸鹿角。
用長舌頭捲下
高聳樹木的葉子。
雖然脖子很長，頸椎只有7節。
豹紋（？）圖案是
學名的由來。
以時速50㎞奔跑。

到頭頂的高度：5 m

駱駝同類的歷史

在現代，駱駝的同類有棲息在從北非遍及西亞之沙漠中的單峰駱駝；棲息在中亞沙漠的雙峰駱駝；以及在距離此處遙遠的南美安地斯山脈中，棲息著的羊駝和駱馬等。不過，駱駝起源和進化的舞台，卻是現在完全沒有駱駝棲息的北美大陸。

最古老的駱駝同類，是4000萬年前棲息在北美的原疣腳獸，據說牠是只有兔子大小的草食性

動物。另外，雖然不是駱駝的直系祖先，像鹿一樣長有雄偉鹿角的奇角鹿等也曾棲息於此。現生駱駝的直系祖先，是之後出現的古駱駝和大駝，牠們的脖子和腳都很長，似乎是類似長頸鹿的草食性動物。此外，在森林或草原等糧食豐富的地方，由於牠們獨佔了別種草食性動物吃不到的高處的葉子，因此這些動物並沒有像現在棲息於沙漠的駱駝一樣，長有儲存營養的駝峰。

過去曾經在北美這片豐饒的大自然中繁盛的駱駝同類，據說在1萬2000年前被移居到這塊土地的人類狩獵而滅絕了。另一方面，橫渡到亞洲或是南美的部分駱駝同類，則成為現在的駱駝、駱馬和羊駝的祖先，生存了下來。駱駝能夠適應嚴苛的環境，不只是因為背上的駝峰而已。我們現已得知駱駝其實和牛的同類一樣，胃裡有微生物會消化吃下的植物，這些微生物會將身體代謝物之一的尿素轉換成營養，並且不斷增加。最後使得駱駝尿素的排出量，也就是小便的量變少，能夠將珍貴的水分儲存在身體裡。

古駱駝
Aepycamelus
Pickup ④ » P.042

現代

單峰駱駝
Camelus dromedarius
Pickup ⑤ » P.044

雙峰駱駝
Camelus bactrianus

羊駝
Lama pacos

Protylopus petersoni

原疣腳獸

分類：鯨偶蹄目　胼足亞目　鹿駝科

棲息地：北美

原疣腳獸是駱駝最早期的同類，生存在約4500萬年前始新世後期的北美。現在提到北美，完全不會讓人聯想到駱駝，不過就像是「駱駝同類的歷史」中提到的，現已得知駱駝的同類過去是在這片土地上誕生，並繁盛一時。從原疣腳獸身上能夠看見的原始特徵，首先就是趾頭的數量。現在的駱駝只剩下等同於中指的第3根趾頭和等同於無名指的第4根趾頭，其他的趾頭都消失了，只有2根趾頭，不過原疣腳獸有4根趾頭。話雖如此，原疣腳獸支撐體重的腳趾（主蹄）和現在的駱駝一樣都是第3趾和第4趾，而剩餘的2根趾頭，就像是附在第3、第4根趾頭兩旁般的模樣，這些趾頭就叫做「副蹄」。原疣腳獸和現在的駱駝相比體型很小，幾乎和兔子一樣小，一般認為牠是靠著吃森林中柔軟的葉子來維生。在有許多森林的年代，體型小又吃葉子對於在森林中生存相當有利，但隨著之後的氣候改變、森林減少，植被轉變成草原後，原疣腳獸這類駱駝早期的同類就變得難以生存。而其中一部分的駱駝同類，為了能適應草原的環境，體型開始逐漸變大。

生存年代：

古近紀 始新世後期

現代　新生代　中生代　古生代

在北美誕生，兔子大小的駱駝祖先。

體長：50 cm

Poebrotherium

先獸

分類：鯨偶蹄目　胼足亞目　駱駝科

棲息地：北美

大約是在3400萬年前，也就是從始新世進入漸新世的年代。全世界的氣候持續變得寒冷乾燥，駱駝的同類們所居住的北美大陸森林不斷減少，草原擴大。原疣腳獸（第36頁）等早期的駱駝，喜好生活在潮濕且溫暖的森林裡，但隨著樹木變得稀疏，或空曠草原之類的環境變得寬廣，適應這類環境的駱駝同類就出現了。其中最具代表性的物種就是先獸。牠的腳和脖子都變得很長，能夠快速奔跑，外表就像鹿一樣。先獸比現在的駱駝體型還小，大約和山羊一樣大，不過後來的漸新世以後出現的駱駝同類體型逐漸變大，種類愈來愈多。一般認為，先獸是這些駱駝同類的祖先，或者是相當接近的物種。

由於先獸在當時是非常繁盛的動物，因此發現了許多化石，其中也有找到44顆牙齒的完整齒列，看到這些化石，讓我們知道先獸還長有現在駱駝的上頷所沒有的門齒。另外，原疣腳獸等原始的駱駝，包括副蹄在內共有4根腳趾，不過先獸的副蹄已經退化，變得和現在的駱駝一樣，只有2根腳趾。

生存年代：

古近紀 始新世後期～漸新世前期

現代　新生代　中生代　古生代

開拓駱駝大型化時代的先驅。

逐漸變長的脖子。

長有現在的駱駝
所沒有的門齒。

副蹄消失，剩下 2 根趾頭。

體長：大約山羊的大小

Synthetoceras

奇角鹿

分類：鯨偶蹄目　胼足亞目　原角鹿科

棲息地：北美

奇角鹿是屬於原角鹿科（Protoceratidae）的動物，和駱駝的同類就像是兄弟姊妹的關係，但這個科已經滅絕了。原角鹿科在始新世中期，和駱駝的同類幾乎同時出現，並且同樣以北美為舞台進化、共存。不過，和適應氣候及環境變化後，跑到其他大陸的駱駝同類不同，原角鹿科的動物喜好潮濕又溫暖但卻不斷消失的森林，似乎無法適應寬闊草原的乾燥氣候。一般認為，這就是這個群體滅絕的最主要原因。

原角鹿科的特徵是鼻頭和頭頂部都有長角，在鯨偶蹄目中是第一個讓角發達的群體。這種角和鹿或牛的角不同，是如長頸鹿般有皮膚覆蓋的鹿角（ossicone）。奇角鹿是原角鹿科中最晚出現，體型變得最大的動物，而且也有更加發達的角。從鼻頭伸長的角相當奇特，前端分岔，就好像獨角仙的角一樣呈現Y字型，一般認為這種角是公鹿特有的，母鹿沒有。

其他原角鹿科的動物，同樣也是公鹿的角較發達，母鹿的角則偏小或者是沒有長角。

生存年代：

新近紀 中新世後期

現代　新生代　中生代　古生代

始終如一地喜歡森林 駱駝界的獨角仙!?

體長：2 m

Aepycamelus

古駱駝

分類： 鯨偶蹄目　胼足亞目　駱駝科

棲息地： 北美

進入到中新世以後，地球的氣候已經變得相當寒冷乾燥，寬廣的草原更進一步擴大，而為了配合環境，駱駝的同類身體逐漸變大，其中就出現了像古駱駝這類超大型的物種。牠的脖子和腳都很長，體型宛如長頸鹿一般，據說從地面到頭部的高度高達3m。一般認為，古駱駝利用身高優勢獨佔了高處樹木的葉子進食，這種生態也和長頸鹿相似。

話說回來，為什麼體型龐大的動物比較有利於在草原上生存呢？這是由於在空曠的草原上能夠一覽無遺，也沒有可以隱藏身體的遮蔽物，因此很容易被肉食性動物發現。被獵食的草食性動物必須跑得夠快或是組成群體，讓自己不容易被襲擊。但從狩獵上來看，進食起來效率較差的大體型動物，也有較難被襲擊的優點。話又說回來，與其說像駱駝更像長頸鹿的古駱駝，身上也能發現和現在的駱駝相通的特徵。駱駝的腳在小小的蹄後方有個軟墊作用的肉墊，而在古駱駝的腳上這種肉墊同樣相當發達。另外，有人指出從地層之中殘留的足跡顯示，這時的古駱駝已經出現了同側的前後肢同時動作，名為「側對步」的獨特行走方式。

生存年代：

新近紀 中新世 （2300萬年～530萬年前）

現代　新生代　中生代　古生代

外表和生態都很像長頸鹿！

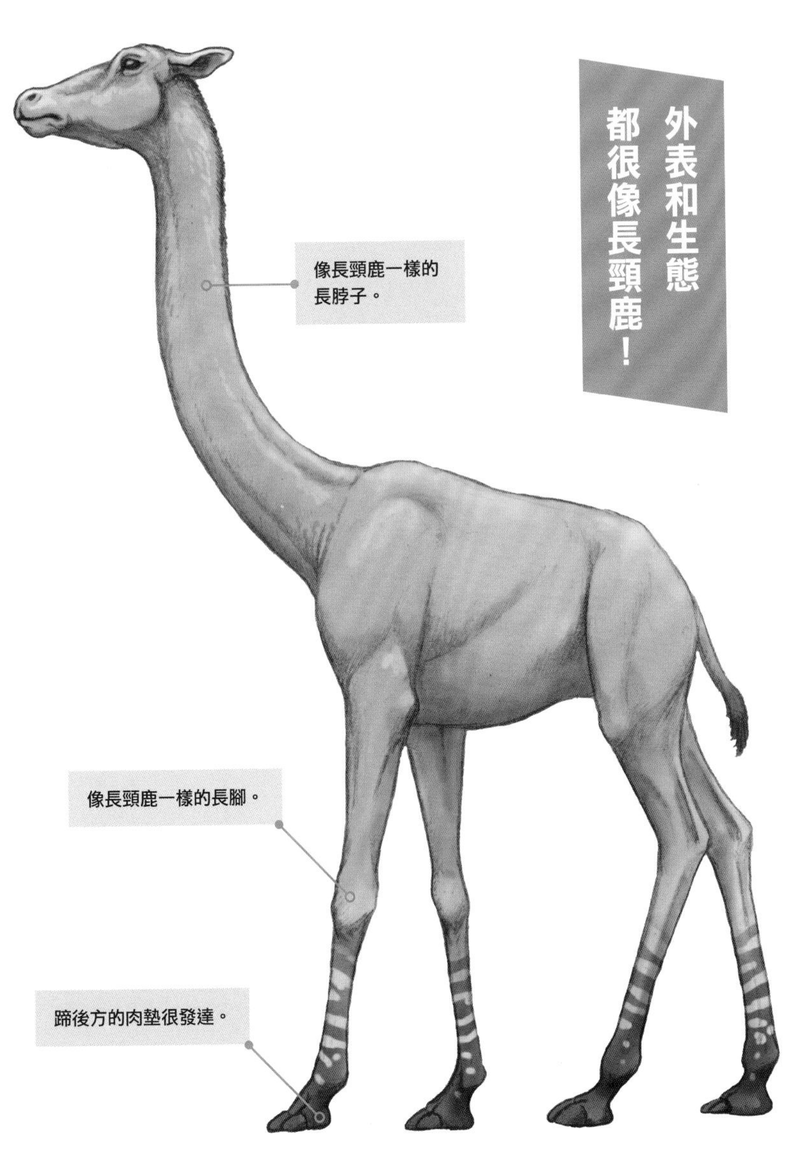
像長頸鹿一樣的長脖子。
像長頸鹿一樣的長腳。
蹄後方的肉墊很發達。

肩高：2 m

Camelus dromedarius

單峰駱駝

分類：鯨偶蹄目　駱駝科

棲息地：北非到西亞

駱駝的同類們一開始是先在潮濕的森林中生活，之後才逐漸適應變得乾燥的草原。而現在的駱駝則是在更加嚴峻的沙漠環境中生活。

為了要在酷熱且乾燥的沙漠中生活，駱駝的身體有許多能忍受嚴酷環境的構造。首先，由於很少有機會能夠獲得在沙漠中生存所必須的飲水和食物，駱駝只要有機會進食就會大量攝取食物，並能夠將它們儲存在體內。駱駝背上的駝峰有個祕密，那就是會把食物轉換成脂肪儲存在那裡。然後當沒有食物時，就會將這個脂肪轉換成水或能量來維持身體活動，甚至能夠不吃不喝好幾週。

另外，駱駝能夠一次喝下80公升的水，還能夠將喝下的水以水分的形式儲存在血液中。除此之外，駱駝能夠關上鼻孔以避免吸入飛舞在強風中的沙子，並長有哺乳類中相當稀有的「瞬膜」，這種透明的眼瞼能直接蓋住眼睛，像是防風鏡一樣保護眼睛。駱駝蹄後方的肉墊相當發達，具有軟墊的作用，能夠不讓腳陷入沙地。諸如此類，駱駝為了在沙漠中生活而發展出特殊的構造，牠是穿越沙漠唯一的交通工具及搬運貨物的方法，因此人類相當珍惜駱駝，並稱牠們為「沙漠之舟」。

生存年代：

現代

新生代　中生代　古生代

不僅背上的駝峰，身體各部位都進化成適應沙漠的構造。

儲存營養的駝峰。
長有名為瞬膜的透明眼瞼。
能夠關上鼻孔。
有軟墊作用的肉墊很發達。

體長：3 m

鯨魚同類的歷史

鯨魚和海豚是所有哺乳類中進入大海數量最多的族群。鯨魚會噴氣代表牠們是用肺來呼吸，自古以來，就有人從這件事情推測牠們的祖先是陸地上的動物。接著在1983年時終於證實了這個從陸地移動到海洋的進化論。人們從位於巴基斯坦西北部5200

萬年前的地層中，挖掘出被認為是最古老的鯨魚「巴基鯨」的化石，這個化石有好幾個特徵和現在的鯨魚一樣，同時也確認了牠有4隻腳和蹄。

在1994年時，人們從4900萬年前的地層之中，找到了進化成鱷魚般模樣的步鯨的化石，從調查結果可以得知牠們會喝純水和海水。這個時期的鯨魚同類，似乎棲息在從河川到大海、鹽分濃度不同的各種水生環境中。之後就出現了和現在的鯨魚一樣，半規管已經縮小的庫奇鯨等雷明頓鯨（*Remingtonocetus*）的同類，一般認為，這個時期的鯨魚已經從陸地上完全轉移到水中了。而徹底來到大海的鯨魚中，出現了全長超過20m的龍王鯨，牠的前腳變化成鰭，身體就像蛇一樣細長，不過相對於現在的鯨魚頭上擁有能夠在水面上呼吸的鼻孔（噴氣孔），龍王鯨就和陸地上的動物一樣，鼻孔長在鼻頭，不適合長時間潛水，因此牠並沒有在遠洋游泳的能力，而是生活在淺海中。

這些鯨魚的同類被稱為「古鯨」，龍王鯨滅絕後，牠們就消失無蹤了。不過，從這些古鯨之中，出現了肉食性的虎鯨或是海豚等齒鯨類，以及過濾浮游生物進食的北太平洋露脊鯨或座頭鯨等鬚鯨類，現在正廣泛地生活在全世界的大海中。

虎鯨
Orcinus orca

Pickup ④ » P.054

亞馬遜河豚
Inia geoffrensis

Pakicetus

巴基鯨

分類：鯨偶蹄目　古鯨小目　巴基鯨科

棲息地：巴基斯坦、印度

巴基鯨是約有野狼大小的哺乳類，雖然外表看起來像狗一樣，卻是目前已知最古老的原始鯨魚。觀察其長長的吻部及牙齒的排列，我們得知牠的頭部擁有和現在鯨魚相同的特徵，但牠沒有鰭，而是用4隻腳穩穩地行走，趾頭上也長有蹄。

巴基鯨的化石發現於巴基斯坦北部和印度西部，在大約5000萬年前巴基鯨還存在的當時，這些地區的位置、地形和現在都差異甚大。印度是孤立於海面上漂浮的陸地，位置比現在還要更南邊，一般認為當時的印度和亞洲之間被廣而淺的古地中海分隔。而當時的氣候比現在還要溫暖許多，古地中海中有數量豐富的浮游生物，以及以此為生的大量魚類。巴基鯨似乎就是一邊看著眼前資源豐富的海洋，一邊在沿岸生活，偶爾為了尋找食物而進入海中，過著這種半陸半水的生活。

用4隻腳行走的原始鯨魚不只是巴基鯨，還有其他的鯨魚，這些動物的化石也都在印度或巴基斯坦等限定的地點一一被發現。當時的古地中海沿岸，可說是鯨魚同類在逐漸適應水生的過程中，開始進化的舞台。

生存年代：

古近紀 始新世前期　（大約5000萬年前）

現代　新生代　中生代　古生代

曾用4隻腳在陸地上行走最原始的鯨魚。

全長：1.8 m

Ambulocetus natans

步鯨

分類：鯨偶蹄目　古鯨小目　步鯨科

棲息地：巴基斯坦

步鯨是水陸兩棲的原始鯨魚的同類。1994年時命名的學名「*Ambulocetus natans*」，意思是「會游泳、走路的鯨魚」，代表這種原始鯨魚過著半水生的生活。雖然牠的化石和巴基鯨（第48頁）的化石在同一個地方被發現，不過發現步鯨的地層比巴基鯨的地層還要上面，是在大約晚50萬年的新地層找到的。

這一帶在過去是古地中海，由於溫暖的氣候使得浮游生物增加，也充斥著以其維生的魚群，而步鯨和巴基鯨同樣依賴這些豐富的食物資源，在古地中海的沿岸繁盛，過著往來於水中與陸地的水陸兩棲生活。

人們發現的化石幾乎都是完整狀態的全身骨骼，讓我們確認了步鯨確實長有4隻腳。不過，步鯨看起來已經比巴基鯨更加適應水中生活，雖然進化的程度比不上現在的鯨魚，但其外表就像是介於陸地上的四足動物和鯨魚中間。一般認為步鯨就好像北海獅或是海獅一樣，會在陸地上邊伸長或縮短腳邊爬行，硬要說的話比起步行，牠似乎更擅長游泳。一般認為牠在水中會像鯨魚一樣上下扭動身體，邊拍動腳邊游泳。

生存年代：

古近紀 始新世前期　（大約5000萬年前）

現代　新生代　中生代　古生代

雖然也會走路，
但真要講的話
更加擅長游泳。

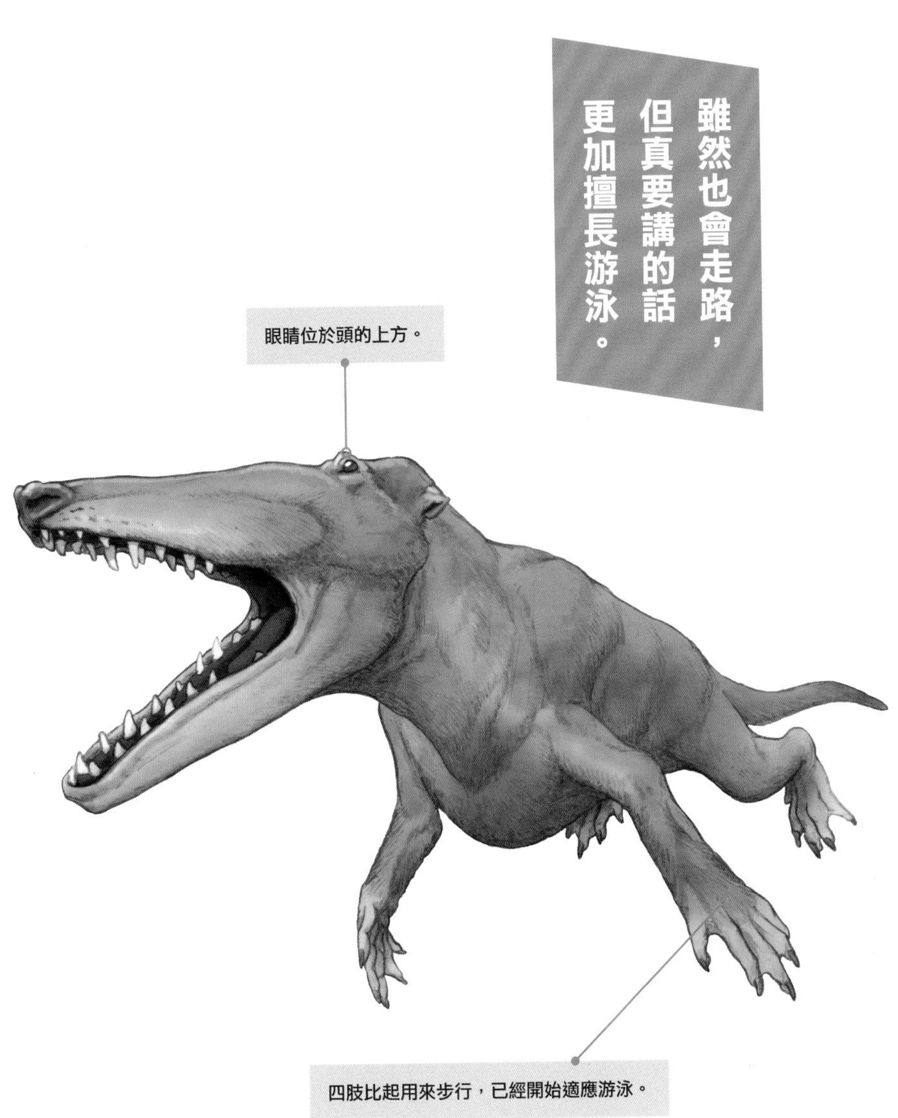

眼睛位於頭的上方。
四肢比起用來步行，已經開始適應游泳。

全長：3 m

Basilosaurus

龍王鯨

分類：鯨偶蹄目　古鯨小目　龍王鯨科

棲息地：非洲、歐洲、北美

巴基鯨（第48頁）和步鯨（第50頁）之類的古鯨類（早期的原始鯨類），在古地中海沿岸，過著往來於陸地與水中的半水生生活。而在牠們之後更加適應水生生活，正式進入全世界的海洋中，擴大了分布範圍的就是這個龍王鯨了。因此，在世界各地都能找到龍王鯨的化石。在埃及發現的伊西斯龍王鯨（*Basilosaurus isis*）全長長達21m，巨大的身體完全不輸給現在的鯨魚。不過相較於巨大的身體，牠的頭骨卻只有1．5m，和現在的鯨魚相比頭部非常地小，這也是牠的特徵。

龍王鯨的體型細長，外表像巨大的海蛇一樣，當初發現化石的時候還以為是巨大的爬蟲類，因此才命名成有「蜥蜴之王」含義的「蜥王龍（*Basilosaurus*）」。

龍王鯨的身上有現在的鯨魚幾乎已經退化的骨盆和後肢的鰭。另外，現在的鯨魚為了容易在水面上呼吸，頭頂部長有噴氣孔；不過龍王鯨的噴氣孔位於吻部的中

非常短小的後肢。

生存年代：

古近紀 始新世後期（4000萬～3500萬年前）

現代　新生代　中生代　古生代

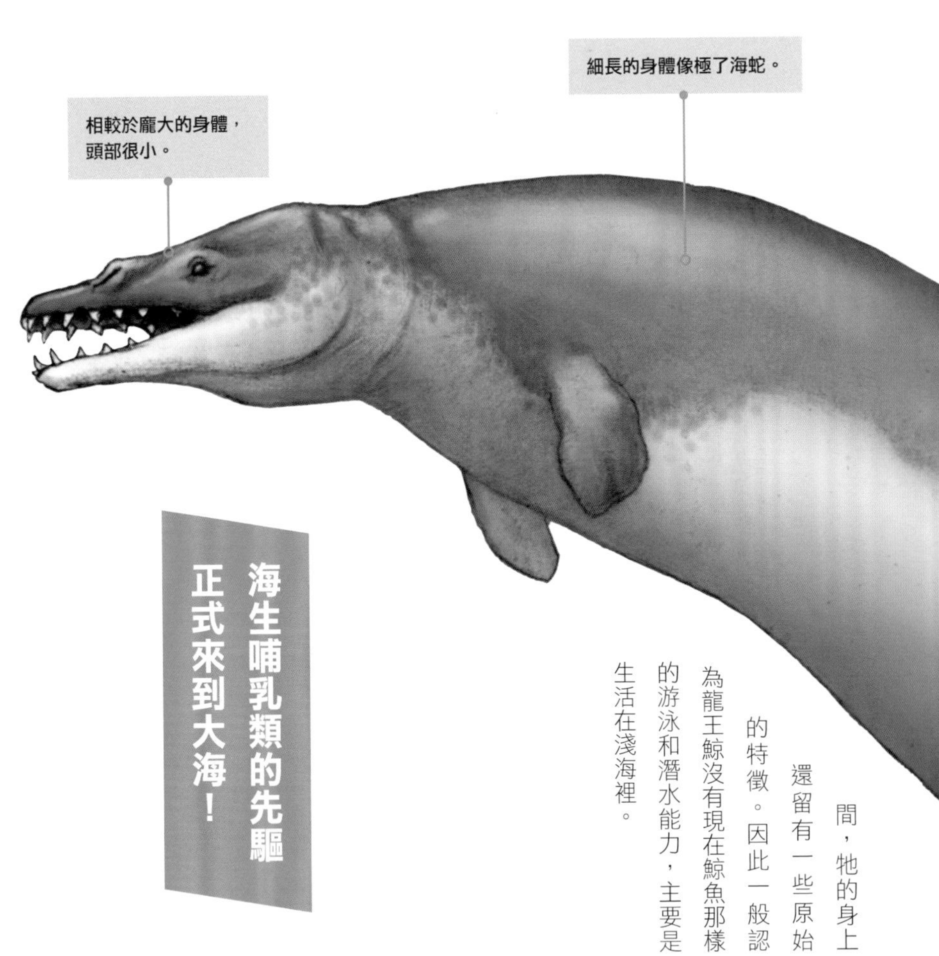

細長的身體像極了海蛇。
相較於龐大的身體，
頭部很小。

間，牠的身上還留有一些原始的特徵。因此一般認為龍王鯨沒有現在鯨魚那樣的游泳和潛水能力，主要是生活在淺海裡。

海生哺乳類的先驅正式來到大海！

全長：20 m

Orcinus orca

虎鯨

分類：鯨偶蹄目　齒鯨小目　海豚科

棲息地：全世界的海洋

虎鯨是一種齒鯨，在現代的海洋中沒有天敵，也就是說牠是位於食物鏈頂端的動物。虎鯨會5～30頭集體行動，是哺乳類中泳速最快的動物，牠的泳速甚至可高達時速60km左右。虎鯨的英文名稱為「Killer whale」，牠會襲擊體型比自己還大的鯨魚，也會獵捕其他動物，例如海豹、企鵝、鯊魚、烏賊、魚類等。只不過，現在已知每個個體會有偏好的食物，似乎有偏食的傾向。

除此之外，虎鯨的智商非常高，會對不同的獵物使用不同的狩獵技巧。譬如牠們會群體互相幫助，引發波浪，讓海面上的浮冰搖晃，使得浮冰上的海豹落入海中進而捕食；或是將小魚吐到海面上，吸引海鳥靠近後襲擊。虎鯨甚至也會襲擊大型的大白鯊（第179頁），牠們有時會利用大白鯊翻過來後就喪失意識的習性，衝撞牠們的身體，讓牠們變成毫無防備的狀態之後，再獵食牠們。

虎鯨是以母親為中心，並以家族為單位集體行動，善於彼此溝通，擁有相當的社會性，據說會將累積至今的各種狩獵方法傳授給年輕的個體等等，同類之間會共享訊息。

生存年代：

現代

新生代　中生代　古生代

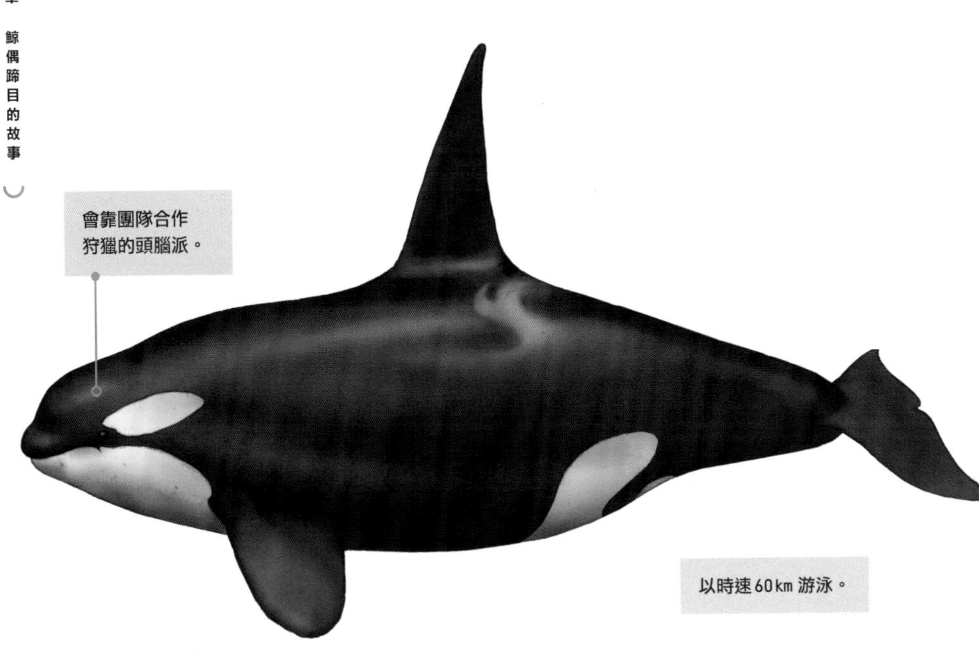
會靠團隊合作
狩獵的頭腦派。
以時速60km游泳。

透過團隊合作，也會襲擊大型鯨魚的海中幫派。

全長：6 m

Physeter macrocephalus

抹香鯨

分類：鯨偶蹄目　齒鯨小目　抹香鯨科

棲息地：全世界的海洋

抹香鯨是齒鯨類之中最大型的動物，成年雄鯨長達18m，雌鯨也能長到12m左右。象徵著抹香鯨的大型頭部，佔了成年雄鯨體長的約三分之一，其樣貌讓人聯想到潛水艇。其實抹香鯨在鯨魚的同類中，擁有相當優秀的潛水能力，能夠長達1個小時不用呼吸，持續潛水。這種時候，抹香鯨會下潛到2000m以上的深度，獵捕深海中的烏賊等獵物。抹香鯨能夠長時間在深海中潛水，是因為全身的肌肉中含有叫做肌紅素的蛋白質，這種蛋白質能夠儲存氧氣。另外，牠的肺部也有很強的彈力，即使被深海的高水壓擠壓，只要浮上水面就能變回原本的形狀。眾所皆知，抹香鯨是由20～30頭的雌鯨和幼鯨組成鯨群，雄鯨會在繁殖期時加入，形成後宮。抹香鯨的家族之間有很強的連繫，有報告指出，母親會讓無法潛入深海的孩子邊喝著母奶，邊訓練牠潛水。抹香鯨會像這樣特地適應對於哺乳類而言相當嚴苛的深海環境，把那裡當作活動場所，一般認為是由於以前在淺海中有像是虎鯨（第54頁）以及大白鯊（第179頁）的強大獵食者存在，而抹香鯨的祖先在生存競爭中落敗了所導致。

生存年代：

現代

新生代　中生代　古生代

哺乳類中唯一成功進入深海的鯨魚。

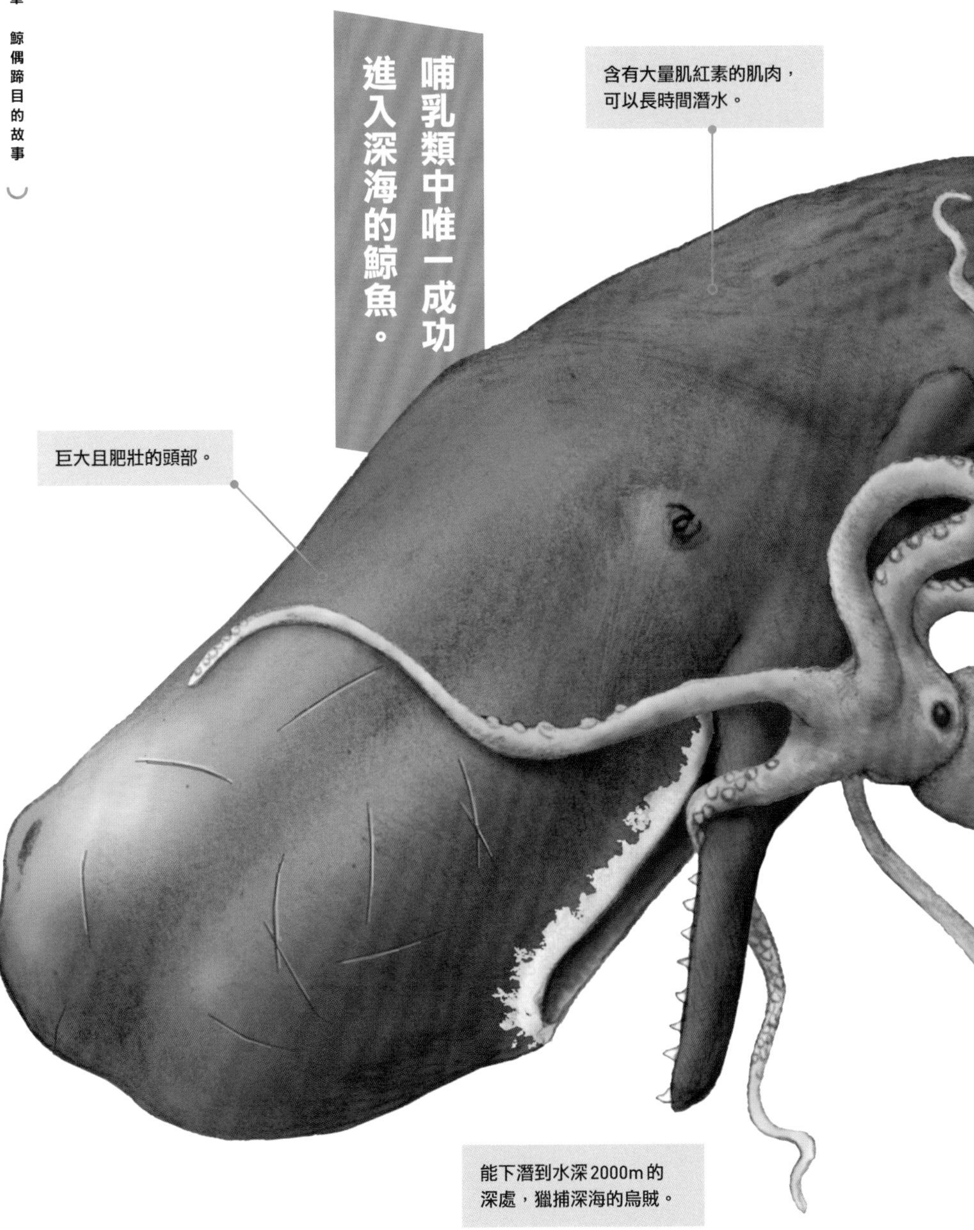

含有大量肌紅素的肌肉，
可以長時間潛水。
巨大且肥壯的頭部。
能下潛到水深2000m的
深處，獵捕深海的烏賊。

全長：18 m

犀牛和貓比鄰而居。

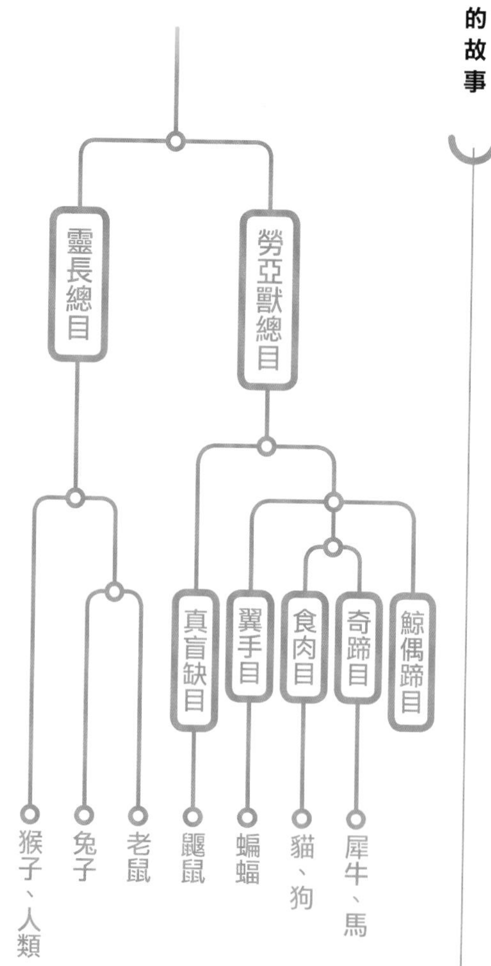
靈長總目
勞亞獸總目
真盲缺目
翼手目
食肉目
奇蹄目
鯨偶蹄目
猴子、人類
兔子
老鼠
鼴鼠
蝙蝠
貓、狗
犀牛、馬

我們在第1章已經談過了鯨偶蹄目，而在第2章則會更加回溯演化樹，主要著墨於包含鯨偶蹄目在內的大型分類「勞亞獸總目」。

勞亞獸總目中，除了鯨偶蹄目之外，還包括「食肉目」、「奇蹄目」、「翼手目」、「真盲缺目」等。食肉目族群中有許多貓、狗等肉食動物；奇蹄目相較於長有偶數蹄的鯨偶蹄目，該族群的蹄數量為奇數，如馬、犀牛等；翼手目是哺乳類之中唯一飛往空中的蝙蝠類族群；真盲缺目（過去被稱為「食蟲目」，這個稱呼或許大家比較熟悉）是在地底下活動的鼴鼠等族群。就像這樣，勞亞獸總目其實是相當多樣化的族群。

話又說回來，「勞亞」這個字到底是什麼意思呢？勞亞其實是在恐龍繁盛的年代中，曾經存在過的大陸名稱。在當時，現在的北美、歐洲和亞洲連成一塊，形成了巨大的大陸。其實地球上的大陸一直在緩慢移動，花費好幾億年的時間，大陸之間互相連接或分離。而在更久以前的地球上，曾經有個所有大陸都連接在一起的盤古大陸。一般認為哺乳類是在那時的2億3000萬年前，第一次出現在地球上。在那之後盤古大陸分裂成南北兩塊，變成北邊的勞亞大陸和南邊的岡瓦那大陸。而勞亞獸總目就是以這個勞亞大陸為進化的舞台，發展出相當多種類的一個大分類。

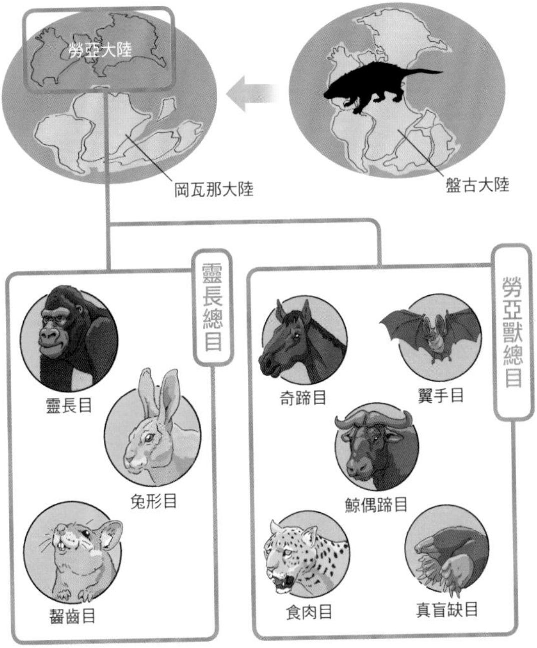

另外，與這個勞亞獸總目互為姐妹關係的族群，就是包含靈長目、兔形目（兔子）、囓齒目（老鼠）等動物的「靈長總目」，這兩個總目後來被合稱為「北方真獸高目」。

犀牛同類的歷史

現在，犀牛的同類在非洲大陸上有白犀牛、黑犀牛2種，東南亞有印度犀牛、爪哇犀牛、蘇門答臘犀牛3種。無論哪種犀牛，都以健壯的體型、鼻尖長有角的動物形象為人所知。然而出現於新生代古近紀的始新世、被稱為犀牛祖先的跑犀科，體型就像馬一樣苗條，也沒有長角。一般認為這種動物不會待在水邊，而會在平原

古近紀

跑犀
Hyracodon
Pickup ① » P.062

巨犀
Paraceratherium
Pickup ② » P.064

Pickup ③ » P.066

新近紀

遠角犀
Teleoceras

第四紀

披毛犀
Coelodonta antiquitatis

現代 新生代 古近紀 始新世 中生代 古生代

上快速奔跑。

在這個跑犀科之中，有著陸生哺乳類中史上第二大的巨犀。目前推測牠的體長有8m，體重最重可達20噸，比體重10噸的非洲象還要巨大。另外，牠的脖子非常長，據說將頭抬高後能有7m的高度，或許牠就跟長頸鹿一樣，是為了獨佔樹木高處的葉子進食。

在犀牛的同類中，有遠角犀這類外型宛如河馬的半水生種，以及在第四紀的冰河時期，為了適應寒冷的氣候而讓濃密的長毛覆蓋住身體的披毛犀和板齒犀。這時期犀牛的角很發達，據說板齒犀的額頭上有著2m長的圓錐狀犀牛角。

犀牛的同類就像這樣，為了配合各自的生活環境和生活型態，而讓體型發展進化成各種模樣。不過現在地球上的5種犀牛，由於最具象徵性的犀牛角受到覬覦，盜獵的事件不斷，因此棲息的數量正在減少。特別是爪哇犀牛，據說原本在大型動物中的數量就最少，在爪哇島的棲息數量不超過50頭。此外，曾經棲息於越南的爪哇犀牛亞種，在2011年時因最後一頭犀牛遭盜獵殺害，而宣告滅絕。

Pickup ④ » P.068

現代

爪哇犀牛
Rhinoceros sondaicus

板齒犀
Elasmotherium

黑犀牛
Diceros bicornis

白犀牛
Ceratotherium simum

Pickup ⑤ » P.070

Hyracodon

跑犀

分類：奇蹄目　犀總科　跑犀科（Hyracodontidae）

棲息地：北美

雖然現存的每種犀牛都被分類到犀牛科。不過犀牛的同類中，有種許久以前就滅絕的族群叫做跑犀科，一般認為，犀牛科是從這個族群中衍生而出，成功活下來的動物（其他還曾經存在過兩棲犀科Amynodontidae，不過也有意見指出這種科應該歸類在犀牛科內，因此這裡不談）。

回顧犀牛同類的歷史，跑犀科率先在古近紀的始新世中期出現，分布在亞洲和北美，到漸新世為止都相當繁盛。之後進入新近紀的年代，就好像交替一樣，跑犀科的動物逐漸衰減，從跑犀科分支而來的犀牛科動物變得繁盛。

這種跑犀是跑犀科早期的物種，也就是最古老的犀牛同類。雖然跑犀和現在的犀牛一樣，前後腳都有3根腳趾頭，卻沒有犀牛般矮壯的重量級體格，大小如大型犬一般，腳苗條又細長，體格非常輕盈。另外，牠也沒有現代犀牛雄偉的角，外表非常像是始新馬（第75頁）之類的早期馬。跑犀的體型適合快速奔跑，一般認為牠們都是在空曠或者乾燥的森林裡生活。因此，包含跑犀在內的跑犀科動物，也被叫做「奔跑的犀牛（running rhinos）」。

生存年代：

古近紀 始新世中期～漸新世後期

現代　新生代　中生代　古生代

「犀牛科」誕生前最古老的犀牛。

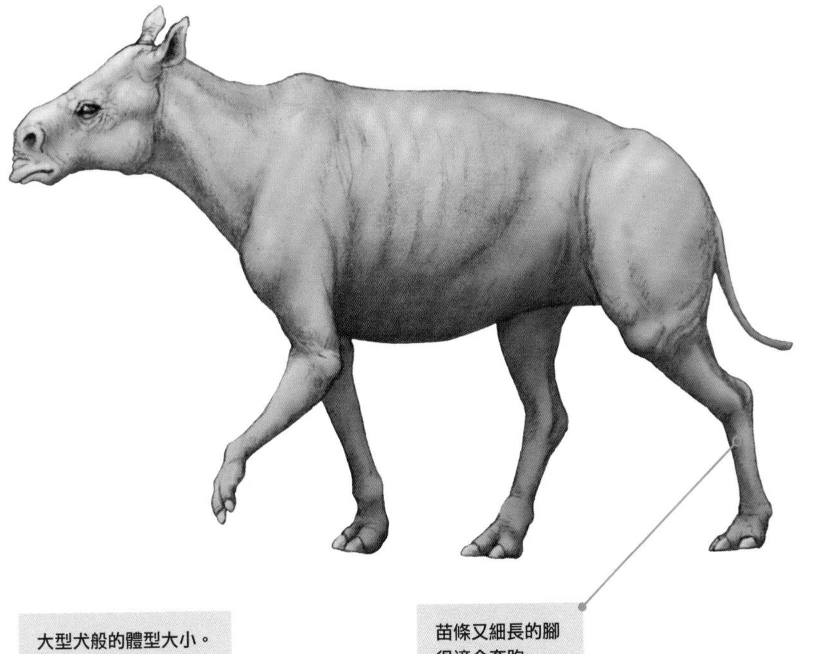

大型犬般的體型大小。

苗條又細長的腳很適合奔跑。

體長：1.5 m

Paraceratherium

巨犀

分類：奇蹄目　犀總科　跑犀科

棲息地：亞洲、歐洲

史上第二大的陸生哺乳類動物，既不是大象也不是長頸鹿，而是出現於古代種犀牛的同類之中，那就是巨犀。牠的體長8m，肩膀高度4.5m，據說將長長的脖子向上伸直的話，頭的高度可達到將近7m。連長頸鹿的頭高度都只有5m左右，由此可知巨犀是多麼龐大。牠大概就是活用這個身高，利用上頜尖牙狀的門牙摘下高處的樹枝或葉子進食吧？雖然在過去的復原圖都是矮壯的體型，不過現在的復原圖較為支持牠和其他的跑犀科一樣，脖子和腳都很長且體型苗條。體重也是，雖然過去曾經推測牠的體重為30噸，不過根據後來的研究，修正為最高也只有20噸，最少6噸左右。如果這是真的體重，那牠就跟非洲象一樣重或是稍微重一點，一般認為，巨犀的體型雖然這麼龐大，但卻能夠快速地奔跑。

在歐亞大陸各地都有發現過巨犀的化石，除了學名*Paraceratherium*之外，還曾命名為*Indricotherium*、*Baluchitherium*。這些名字在之後的研究中發現是同一種動物（同屬）後，現在已經統一成最一開始命名的巨犀（*Paraceratherium*）。

生存年代：

古近紀 漸新世後期

現代　新生代　中生代　古生代

地球史上第二大的
陸生哺乳類。
頭頂高度
能到達
2樓的天花板。
這個長長的腳
能用和巨大體型
不相符的速度奔跑。
體長：8 m

Teleoceras

遠角犀

分類：奇蹄目　犀總科　犀科

棲息地：北美

現代犀牛所屬的犀科，是從犀牛古代種的同類「跑犀科」中分支而來，這個族群歷經漫長的歲月，直到現在都很繁盛。

遠角犀屬於犀科，從中新世繁盛到上新世前期。和苗條又腳長的跑犀科相比，遠角犀的體型矮壯，身體就像水桶般龐大，四肢很短，比起現在的犀牛，不如說外表更像是河馬。遠角犀的生態大概也和河馬相似，一般認為牠是在水邊過著半水生的生活。

觀察已經滅絕的化石種後我們可以得知，除了遠角犀之外，還有全身被長毛覆蓋、相當耐寒的披毛犀等種類的犀牛出現，每種犀牛都為了適應棲息的環境，而演化成各種不同的面貌。另外甚至也有在各地都很繁盛的族群，除了一部分的地區，幾乎分布在所有的大陸上。

不過，犀牛的同類唯獨無法去到南美、澳洲和南極。沒有去到澳洲和南極，是因為早在犀牛的同類出現以前，這些大陸就已經被大海隔絕而孤立。而沒有去到南美，則是因為在相連南美、北美的巴拿馬海峽形成以前，直到上新世前期為止一直生活在北美的犀科動物就已經滅絕了，因此也沒有犀牛來到這片土地上。

生存年代：

新近紀 中新世中期～上新世前期

現代　新生代　中生代　古生代

像水桶一樣的身體，與其說是犀牛更像是河馬。

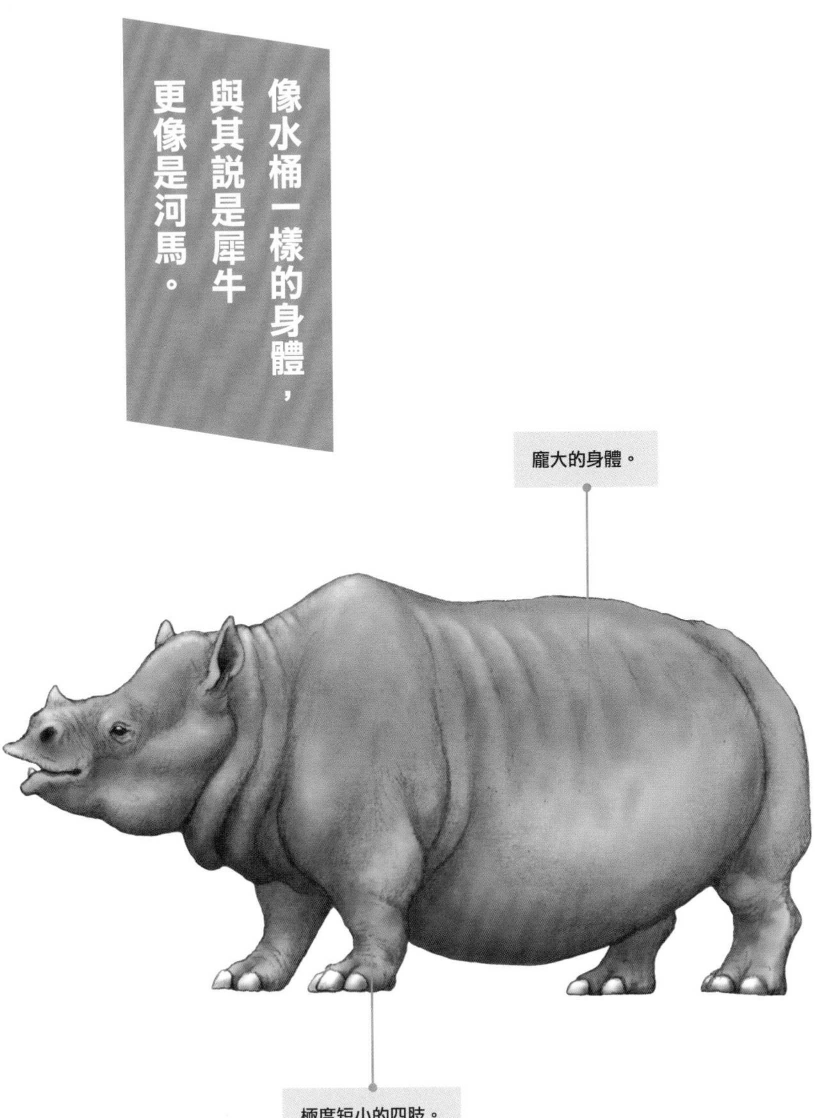

體長：3.5 m

犀牛的同類

Pickup

Elasmotherium

板齒犀

分類：奇蹄目　犀總科　犀科

棲息地：亞洲、歐洲

雖然大家都說現在犀牛是僅次於大象大小的動物，不過板齒犀擁有能與大象匹敵的巨大身體。牠的額頭上長有據說是獨角獸傳說原型的大型犀牛角，一般推測其長度長達2m左右。話雖如此，卻沒有發現過角本身的化石。由於犀牛角並不是骨質組成，而是像將毛髮束起硬化成的東西，因此幾乎沒有犀牛角能以化石的形式留存下來。

不過在板齒犀的頭骨額頭表面上，有一大塊粗糙的突起，一般認為這就是角的底座。現在的白犀牛（第70頁）角最長能長到1.5m左右，底座約有25cm大。而板齒犀的底座直徑超過40cm，因此可以得知從這裡會長出又長又大的角。雖然從這麼龐大的身體和角，會想像出板齒犀搖晃走路的樣子，不過板齒犀的腳很長，腳步應該是很輕盈的。

一般認為板齒犀至少曾生存到3萬9000年前，在冰河期乾燥寒冷的猛瑪草原（Mammoth steppe）上吃著乾硬的草過活。板齒犀的臼齒相當堅固，能夠承受激烈的磨損，就是為了這種食性特化而成。不過，或許是特化得太過頭，才會無法適應之後的環境變遷而滅絕也說不定。

生存年代：

現代　新生代　中生代　古生代

擁有獨角獸的角，冰河期的犀牛。

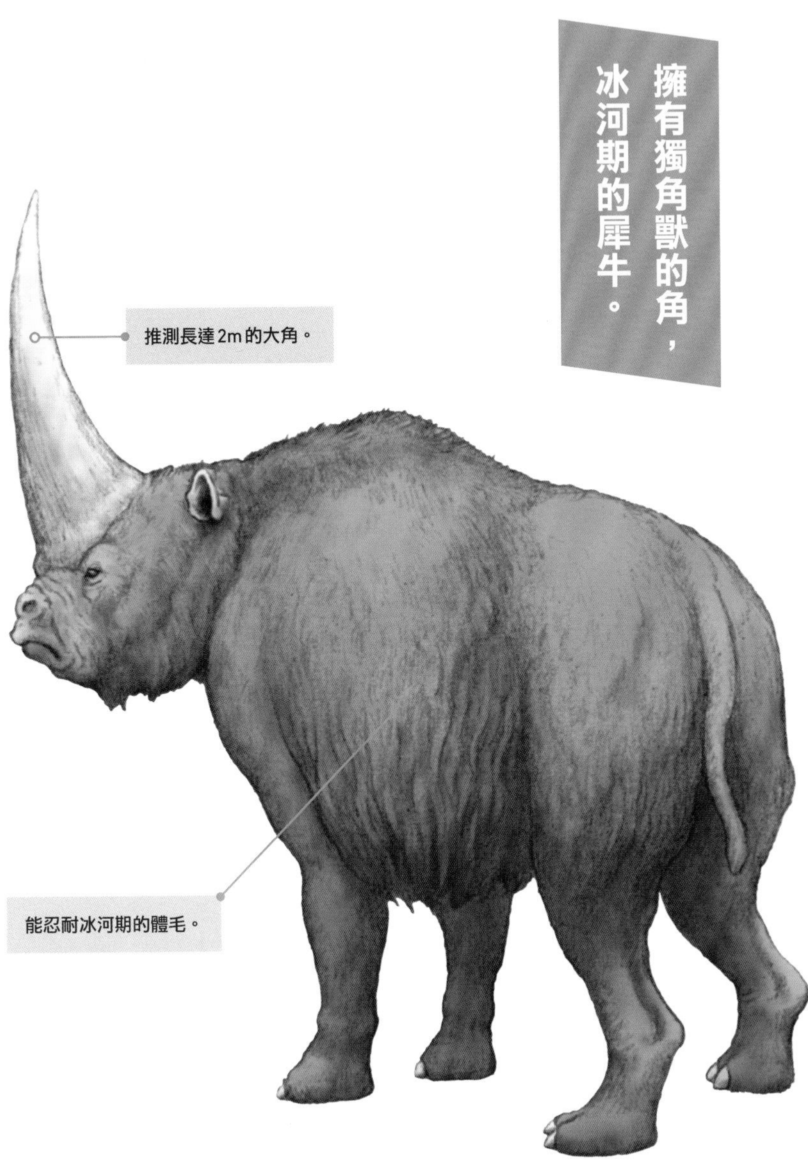

推測長達2m的大角。
能忍耐冰河期的體毛。

體長：5 m

Ceratotherium simum

白犀牛

分類：奇蹄目　犀總科　犀科

棲息地：非洲東南部

　現在約有5種犀牛棲息在非洲或東南亞等地，其中白犀牛是最大的物種，據說大型的個體體重可達4噸。白犀牛棲息在非洲開闊的草原或林地等熱帶草原上，好幾頭犀牛會聚在一起形成小型犀牛群。成年的公犀牛會單獨行動，在固定的地點排便以主張地盤。不過牠們的性格沉穩，公犀牛間即使爭奪地盤，也只是輕輕地用角互相頂撞，不會發展成激烈的衝突。白犀牛的牙齒只有臼齒，沒有門牙或犬齒，不過有發達的嘴唇代替這些牙齒的機能。白犀牛的嘴唇平坦，幅度很寬，形狀適合摘取生長在地面上的植物。順道一提，同樣生活在非洲的黑犀牛也沒有門牙和犬齒，會用嘴唇進食，但牠和白犀牛不同，由於喜歡吃矮木的葉子，因此嘴唇的形狀較尖銳，以便啄取葉子。

　但話又說回來，白犀牛和黑犀牛的體色明明沒有太大的差異，為什麼名字會取為以顏色區分的黑與白呢？雖然關於這點似乎有著各種說法，但是最廣為人知的一種，就是不小心將表示白犀牛寬大嘴巴的「wide」聽錯成「white」。而一種既然取為白色，另一種就取為黑色，因此才有名為白犀牛和黑犀牛的兩種犀牛誕生。

生存年代：

現代

現代　新生代　中生代　古生代

白犀牛的「白」意指「wide」？

體長：4 m

滅絕的奇蹄目

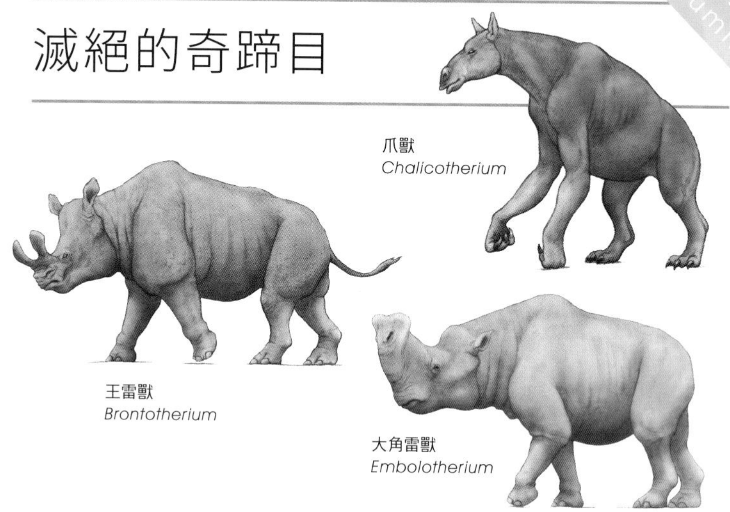

爪獸 *Chalicotherium*

王雷獸 *Brontotherium*

大角雷獸 *Embolotherium*

說到長有蹄的草食性動物，首先就會想到「牛」或「馬」吧？牛的同類由於蹄的數量是偶數，因此被稱為「鯨偶蹄目」，而馬的同類由於蹄的數量是奇數，因此被稱為「奇蹄目」。鯨偶蹄目中除了牛以外，還有駱駝、河馬、長頸鹿和鯨魚等各種動物，棲息範圍從沙漠到大海，不斷在擴大。而奇蹄目只有馬科、犀牛科、貘科這3科，鯨偶蹄目的數量壓倒性地多。不過在很久以前，奇蹄目的多樣性也足以和鯨偶蹄目匹敵。

在奇蹄目滅絕的族群中最廣為人知的是「雷獸科」。牠們大約是在5000萬年前的北美，從早期的馬分支而出，之後體型變得巨大，頭部也開始長出各種形狀的大角。雷獸乍看之下很像犀牛，不過牠的角是由骨頭伸長形成的，而犀牛的角是角蛋白，也就是由許多毛髮硬化而成，這一點差異極大。已經滅絕的奇蹄目之中，也有一個群體擁有相當獨特的外貌，那就是「爪獸科」。雖然爪獸科是草食性動物，卻沒有蹄，而有發達的鉤爪。這個種類的代表性物種「爪獸」，有著比後肢長上許多的前肢，背部大幅傾斜，會將手背抵在地面上行走，其模樣幾乎看不出馬的要素，只有臉長得像馬，整體來說就像個巨大的猩猩一樣。在氣候變遷使得森林減少、草原擴大的時代，草食性動物也不得不變更食性，不過這些族群似乎無法順利適應，因此就衰退滅亡了。

很久以前，曾經存在過馬臉的巨大猩猩!?

[Question]

這是什麼動物的祖先呢？

答案 下一頁

始新馬

[Answer]
答案
馬

史前種

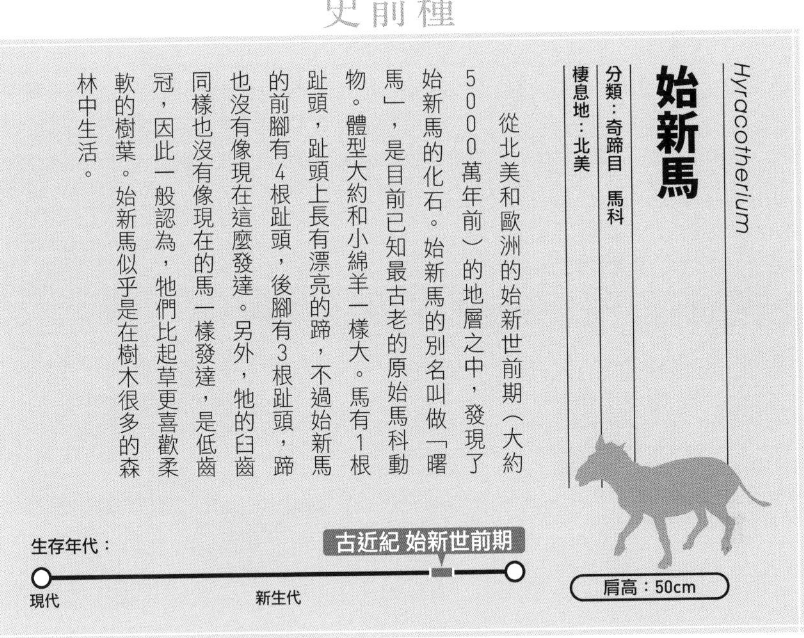

始新馬 *Hyracotherium*

分類：奇蹄目　馬科

棲息地：北美

從北美和歐洲的始新世前期（大約5000萬年前）的地層之中，發現了始新馬的化石。始新馬的別名叫做「曙馬」，是目前已知最古老的原始馬科動物。體型大約和小綿羊一樣大。馬有1根趾頭，趾頭上長有漂亮的蹄，不過始新馬的前腳有4根趾頭，後腳有3根趾頭，蹄也沒有像現在這麼發達。另外，牠的臼齒同樣也沒有像現在的馬一樣發達，是低齒冠，因此一般認為，牠們比起草更喜歡柔軟的樹葉。始新馬似乎是在樹木很多的森林中生活。

現生種

馬 *Equus ferus*

分類：奇蹄目　馬科

棲息地：歐亞大陸的草原

馬是在草原擴大的新生代中期，從森林來到草原的動物之一。為了能從空曠的地方逃離天敵肉食性動物，牠讓腳程變得更快。牠的腳變得更長，趾頭只有相當於中指的第3根趾頭留下，其他都退化了。接著留下的趾頭發展出了蹄，使牠能夠適應在平原堅硬的泥土地上奔跑。另外，由於比起樹葉牠更喜歡吃草原上堅硬的植物，因此即使牙齒減少了，上下也都有相當堅固的臼齒，形成非常厚的高齒冠。馬長期被視為家畜利用，現在野生種的馬已經滅絕了。

貓科動物的歷史

正如獅子或老虎等代表性的動物一樣，貓科動物們在哺乳類中，擁有優秀的狩獵能力。牠們從以前就位於獵食者的頂端，是肉食性動物中的強者。

最原始的貓科動物，據說是2500萬年前存活過的原貓。原貓就像麝香貓一樣，體型細長，腿相較之下較短，擅長爬樹，會住在樹上生活。其後，在2000萬年前出現的假貓也擅長在樹上活動，不過隨著氣候持續變得寒冷乾燥，導致森林減少、草原擴大，貓科生活的範圍也轉移到地面上。而且這種假貓可以看出貓科動

古近紀

原貓
Proailurus lemanensis

Pickup ① » P.078

新近紀

假貓
Pseudaelurus

第四紀

鋸齒虎
Homotherium

Pickup ② » P.080

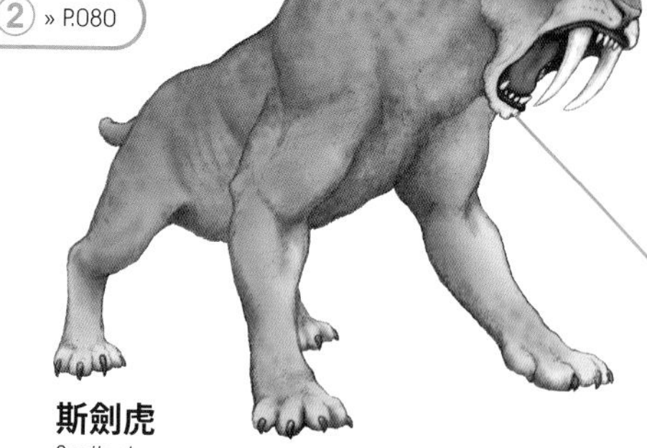

斯劍虎
Smilodon

Pickup ③ » P.082

現代 — 新生代（古近紀 漸新世） — 中生代 — 古生代

物的特徵，即上頷的犬齒很發達，一般認為牠與之後的斯劍虎或鋸齒虎等，擁有從頷部露出外面的粗長犬齒、被稱為劍齒虎的族群有關。

貓科動物非常擅長透過暗殺來狩獵，牠們會跟蹤獵物，再靠著優秀的爆發力在一瞬間咬住獵物的喉嚨，讓對方窒息而死。曾經存活在160萬～1萬年前的斯劍虎雖然是腳程較慢的動物，但牠會用能咬穿健壯體型和厚實皮膚的粗長犬齒，來狙擊大型的獵物。不過，當猛瑪象等大型獵物逐漸消失，小型且跑得較快的草食性動物變多之後，斯劍虎跟不上這種環境的變化，最後便滅絕了。

現在地球上有各種類型的貓科動物，如腳程快的獵豹、集體狩獵的獅子以及身為貓科卻稀奇地喜歡水邊的美洲豹等。而牠們以獵人的角色狩獵動物生存下去這點，自古以來都沒有改變。

現代

美洲豹
Panthera onca

老虎
Panthera tigris

Pickup ④ » P.084

獵豹
Acinonyx jubatus

Pickup ⑤ » P.086

獅子
Panthera leo

Proailurus lemanensis

原貓

分類：食肉目　貓科

棲息地：亞洲、歐洲

貓科的動物幾乎都是肉食性。作為獵食者而高度特化的族群，牠們的身體有許多擅長狩獵的特徵。

光看牙齒的話，原貓的犬齒粗長而且尖銳，甚至連「臼齒」這種原本用來磨碎食物的牙齒也變得像剪刀的刀刃一樣，形成適合撕裂肉的形狀。不光是貓科動物，肉食性動物的臼齒大致上都會注重這種撕裂的功能，這種牙齒就叫做「裂肉齒」。

原貓大約在2500萬年前登場，是最原始的貓科動物，在西班牙、德國、蒙古等地都有發現牠的化石，似乎廣泛分布在歐亞大陸各處。原貓的體型比一般的家貓稍微大一些，比現在棲息於熱帶草原等地的貓科動物還小。牠的身體細長，有一條長長的尾巴，因此一般認為牠是種外型和麝香貓很相似的動物。

原貓是目前已知最古老的貓科動物，不過從系統上來看，牠是從原本的演化樹分支而出的物種，和斯劍虎這種劍齒虎，以及現在的貓科動物沒有直接的關聯。現在的貓科最早的祖先，一般認為是在大約2000萬年前出現的假貓（第76頁）。

生存年代：

古近紀 漸新世　（2500萬年前）

現代　新生代　中生代　古生代

最早期的貓喜歡生活在樹上。

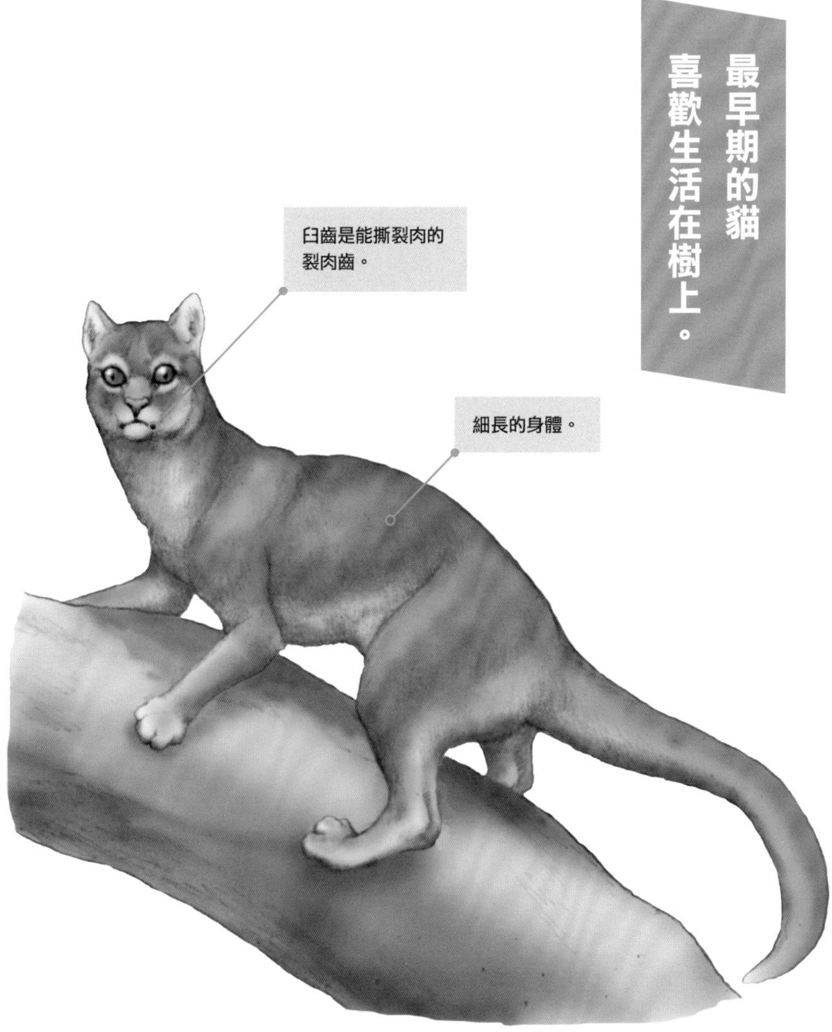

臼齒是能撕裂肉的裂肉齒。
細長的身體。

體長：不明

Homotherium

鋸齒虎

分類：食肉目　貓科

棲息地：非洲、歐洲、亞洲、北美、南美

不論是以前還是現在，除了張開嘴巴時，尖銳的犬齒一直都是貓科動物兇猛的象徵。很久以前，有一群叫做劍齒虎的貓科動物們，牠們的犬齒長得特別大，在當時威風凜凜，而鋸齒虎就是其中的一種。特別是鋸齒虎的犬齒就像是薄薄的刀子一樣，前後的邊緣長有像是鋸子般的細小鋸齒，這種形狀彷彿牛排刀一般，正好適合將肉撕裂。

從這種犬齒的構造我們可以判斷，牠們的狩獵方式和緊咬住獵物殺死對方的獅子有所不同。雖然鋸齒虎的體格比獅子還小一圈，但牠的獵物卻是大型且皮膚堅硬的猛瑪象等草食性動物。

譬如，若是獅子的犬齒咬不動的獵物，鋸齒虎可以用特殊的犬齒撕裂對方使傷口大量出血，或者是撕開腹部讓內臟掉出來，藉此殺死對方。

實際上，從美國德州的洞窟中發現了鋸齒虎和其幼虎的化石，讓我們知道鋸齒虎家族會以洞穴為巢穴，而從那裡也發現許多猛瑪象乳齒的化石。一般認為，這就是鋸齒虎經常狩獵猛瑪象的幼象，並將殺死的獵物搬到巢穴中的證據。

生存年代：

第四紀 更新世

現代　新生代　中生代　古生代

用刀子般的牙齒，能夠一口氣撕裂猛瑪象堅硬的皮膚。

犬齒就像牛排刀一樣。

將洞窟當作巢穴。

體長：2 m

貓科動物

Pickup ③

Smilodon

斯劍虎

分類：食肉目　貓科

棲息地：北美、南美

一般只要說到劍齒虎，就會用這種斯劍虎來說明，可見斯劍虎是最具代表性的物種。斯劍虎的體格和獅子差不多或是更大，但據說體重卻將近2倍重。牠上顎的犬齒很長，最長可達24cm，配合這點，其頜部可以大幅張開到90度以上。一般認為牠會張開血盆大口，用長長的犬齒刺穿獵物的喉嚨，讓對方窒息。另外，從前肢和肩膀特別發達這點，可以推測斯劍虎能夠大力壓制捕捉到的獵物，即使在貓科動物中，也算是特別專精格鬥技巧的物種。另一方面，斯劍虎的後腳較短，體型從上背部向後方傾斜，為了在奔跑時取得平衡尾巴較短，這些身體結構都讓牠們不適合行走。從這點我們能夠看出，比起行動快速的小型草食性動物，斯劍虎更擅長獵捕動作遲緩，如猛瑪象之類的大型草食性動物。最後一個斯劍虎的化石在美國佛羅里達州被發現，那是約8000年前的化石，當時北美的冰河期已經結束，氣候整個大轉變，另外受到從歐亞大陸橫越過來的人類影響，許多猛瑪象之類的大型草食性動物在短時間內逐漸滅絕。以這些草食性動物為獵物的斯劍虎，沒有適應這個變化改變食性，因此也漸漸看不到牠的蹤影。

生存年代：

第四紀 更新世

現代　新生代　中生代　古生代

張開血盆大口用粗長的犬齒刺穿獵物。

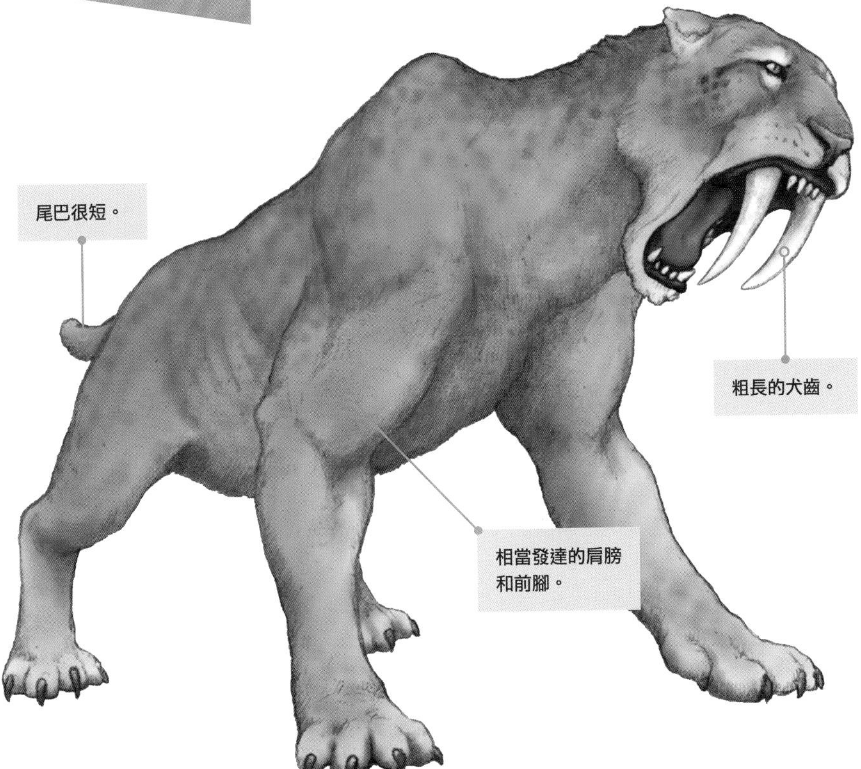

尾巴很短。

粗長的犬齒。

相當發達的肩膀和前腳。

體長：2 m

Acinonyx jubatus

獵豹

分類：食肉目　貓科

棲息地：非洲（熱帶雨林以外的地方）、伊朗

獵豹是一種特別擅長奔跑的貓科動物，在陸地上能用最快的速度奔跑。牠們以高角羚或瞪羚等小型草食性動物為目標，在一瞬間就能縮短100～300m左右的距離，靠著敏捷的四肢一口氣襲擊獵物。牠的速度快到追蹤逃跑的獵物時，只需要花2秒鐘就能夠達到時速70km，也曾留下最高時速超過100km的紀錄。這種速度只需要3～4秒就能跑完100m。只要觀察獵豹的身體，就能看出牠為了能快速奔跑具備許多種機能。為了確保奔跑時的呼吸量，牠的鼻腔寬廣，不過犬齒也因此偏小。另外，一般貓科動物都有能收起爪子的構造，不過獵豹的爪子會在行走時用來釘住地面，因此沒有能收起爪子的構造。獵豹就像這樣，把能當作武器的部位一一捨去，將心力集中在快速奔跑上，因此牠活用四隻腳狩獵的成功率，比起其他貓科動物還要高。

不過另一方面，獵豹辛苦狩獵到的獵物，也經常會被獅子（第86頁）或鬣狗等力量較強的肉食性動物從旁奪走。這種時候，獵豹知道自己贏不了對方，就會放棄獵物逃走。因為比起抵抗而受到致命傷，還是重新狩獵才是聰明的選擇。

生存年代：

現代

現代　新生代　中生代　古生代

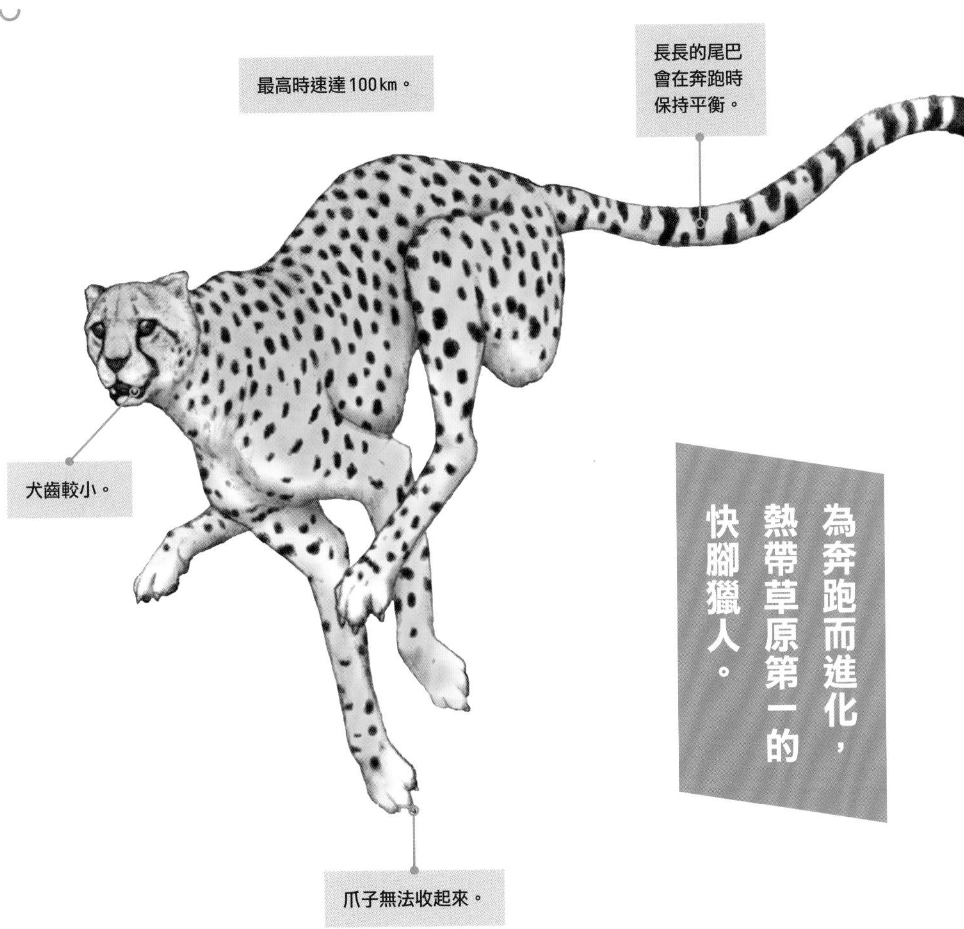
最高時速達100km。
長長的尾巴
會在奔跑時
保持平衡。
犬齒較小。
爪子無法收起來。

為奔跑而進化，熱帶草原第一的快腳獵人。

體長：1.5 m

Panthera leo

獅子

分類：食肉目　貓科

棲息地：撒哈拉沙漠以南的非洲、印度西北部

獅子主要的棲息地在非洲草原和沙漠等地，也有少數棲息在印度的西北部。在現在的物種中，和老虎並列體型最大的貓科動物，而且在貓科中，公獅和母獅的外表差異很大也是其特徵。公獅從頭部到頸部都長有雄偉的鬃毛。其深具魄力的外表讓牠有「百獸之王」之稱，在人類歷史上的各種場合之中，都象徵了強大、權力、恐怖，經常用來當作紋章等物品上的圖案。另外，許多的貓科動物都是單獨行動，不過獅子很稀有地具備社會性，會群體行動，由1～2頭公獅和許多的母獅及幼獅組成10～15頭的獅群，這種獅群被稱為「pride」。狩獵是母獅的工作，母獅會好幾頭分散埋伏在獵物的周圍，由一方追趕獵物，另一方等待獵物上門並捕捉，同伴間互相合作進行狩獵。雖然公獅偶爾也會參與狩獵，不過由於雄偉的鬃毛實在太過顯眼，並不適合狩獵。比起狩獵，公獅的鬃毛是用來讓自己看起來更大隻，展現威風凜凜的姿態，因此在非洲的熱帶草原上，要從競爭關係的斑鬣狗手中奪走獵物時，相當派得上用場。毛色比較深且長有更多鬃毛的公獅代表既健康又強大，較受母獅歡迎。

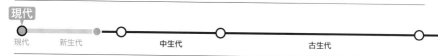

生存年代：

擁有威風凜凜的鬃毛，被稱為百獸之王的貓。

只有公獅有鬃毛。

母獅之間
會合作一起狩獵。

體長：2 m

column 2

食肉目不能只看外表

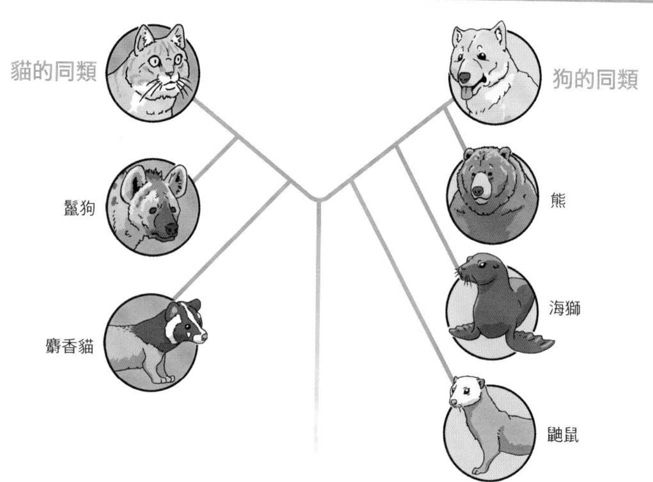

食肉目有貓、狗、鬣狗或海豹等動物，這些動物幾乎都是正如其名的肉食性動物。不僅長有發達的犬齒，等同於臼齒的牙齒也像刀一般銳利，以便撕裂肉。

而食肉目大致上區分為2類，那就是「貓的同類」和「狗的同類」。以前會將貓和狗等陸棲的食肉目稱為「裂腳亞目」，而海豹或海獅等海棲的食肉目稱為「鰭足亞目」，不過現在已知海豹和海獅跟熊類是近親，而熊類被歸類為狗的同類，因此最近海豹和海獅也都被列為狗的同類。

那麼鬣狗又如何呢？從外表和社會性強的特徵來看，一般人都會覺得是狗的同類，但實際上牠卻被分類成貓的同類。

就像這樣，區分食肉目的同類時，已經不能從外表上判斷了。那麼該從哪裡區分呢？答案就是耳朵內部的構造。比耳朵鼓膜還深的地方叫做「中耳」，而貓的同類和狗的同類，其覆蓋住中耳的骨頭「鼓骨（tympanic bone）」構造並不相同。貓的同類，是由原本支撐鼓膜的環狀骨頭變化成鼓骨。而另一方面，狗的同類是以新附加的骨頭形成鼓骨。現在就是根據鼓骨擁有的特徵是哪一種，來判斷該食肉目是貓的同類，還是狗的同類。

鬣狗是貓的同類，海豹是狗的同類。

[Question]

這是什麼
動物的祖先呢？

答案 下一頁

克氏熊貓

Answer
答案
大熊貓

史前種

克氏熊貓

Kretzoiarctos beatrix

分類：食肉目　熊科

棲息地：歐洲

克氏熊貓在1100萬年前，曾經棲息於潮濕的森林中，是最為古老的熊貓家族。只有在西班牙發現過牙齒的化石，其外表和生態等都還不清楚，不過從牠牙齒的特徵來看，應該是相當接近於大熊貓的動物。

藉由這個發現，熊貓家族的起源不是大熊貓所棲息的中國，而是歐洲的説法受到更多人肯定。克氏熊貓和大熊貓不同，體重只有約60kg左右，是小型動物。因此一般認為牠們能夠快速地爬上樹，以逃離肉食性動物。

現生種

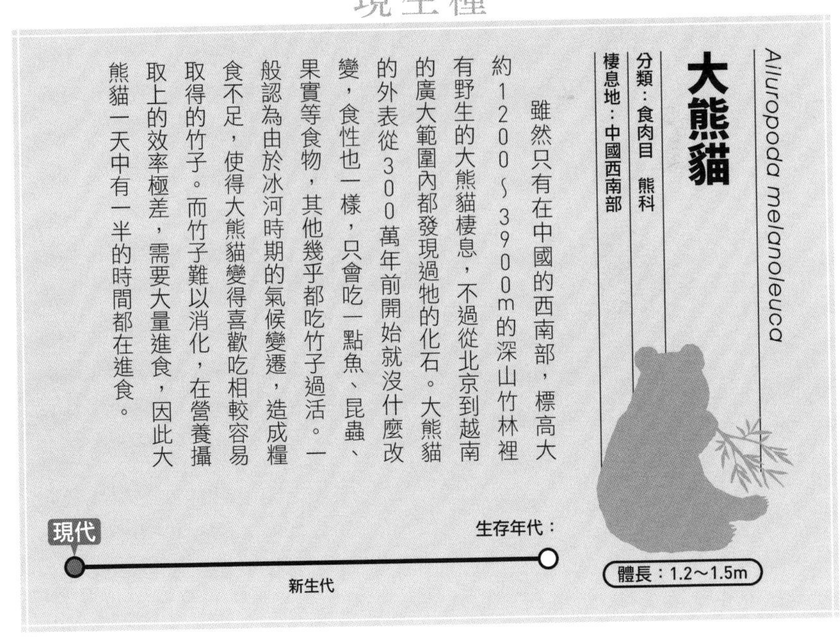

大熊貓

Ailuropoda melanoleuca

分類：食肉目　熊科

棲息地：中國西南部

雖然只有在中國的西南部，標高大約1200～3900m的深山竹林裡有野生的大熊貓棲息，不過從北京到越南的廣大範圍內都發現過牠的化石。大熊貓的外表從300萬年前開始就沒什麼改變，食性也一樣，只會吃一點魚、昆蟲、果實等食物，其他幾乎都吃竹子過活。一般認為由於冰河時期的氣候變遷，造成糧食不足，使得大熊貓變得喜歡吃相較容易取得的竹子。而竹子難以消化，在營養攝取上的效率極差，需要大量進食，因此大熊貓一天中有一半的時間都在進食。

巨大鼠類的過去和現在

莫尼西鼠是目前已知史上最巨大的鼠類，其體重推測重達1噸。過去曾經認為2003年在南美委內瑞拉發現的巨鼠*Phoberomys pattersoni*是史上最大的老鼠，體重推測為700kg。而體型遠遠凌駕於牠的莫尼西鼠，則是在2008年時同樣在南美的烏拉圭發現了

巨大的顱骨長達53㎝。

體長：3m

推測體重有1噸。

莫尼西鼠
Josephoartigasia monesi
分類：齧齒目　花背豚鼠科（Dinomyidae科）
棲息地：南美（烏拉圭）

生代　中生代
白堊紀　侏儸紀　三疊紀

頭蓋骨，其長度長達53cm。

一般認為，莫尼西鼠棲息於400萬～200萬年前的沼澤地，會食用柔軟的植物或水生植物、果實。

在現在的鼠類家族中，以全世界最大物種而聞名的就是水豚。在河邊生活的牠們，鼻孔朝上，只會將鼻子露出水面，全身都會潛入水中，也能夠在這種狀態下睡覺。另外，公水豚的鼻子長有氣味腺，到了發情期就會用鼻子摩擦葉子，以吸引母水豚。以鼠類家族而言，水豚的懷孕期間很長，有時可長達150天。

大象和樹懶的分歧點。

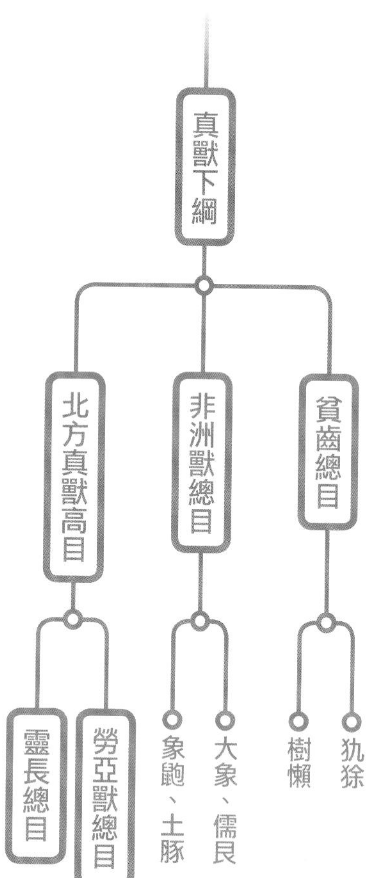

當地球上所有的大陸都還相連時，叫做盤古大陸。在很久以前，第一個哺乳類動物就在這座大陸上誕生。之後由於大陸漂移，盤古大陸分為南北兩塊，北方的大陸變成了勞亞大陸，南方的大陸變成了岡瓦那大陸。那麼，在第1章和第2章，我們已經大致介紹了以北方勞亞大陸為進化舞台的真獸類（真獸下綱），接著在第3章，讓我們著重在另一邊，也就是南方岡瓦那大陸的真獸類之進化吧。

岡瓦那大陸是一座相當寬廣的大陸，之後分裂成了非洲、南美、澳洲和南極。雖然其中最早分離的澳洲大陸，曾確認到些許真獸類出沒的蹤跡，但後來並沒有繁盛起來，現在則由「有袋類動物」取而代之，變成無尾熊或袋鼠的樂園。而另一方面，當非洲大陸和南美大陸分裂之後，被大海隔離的真獸類動物們便各自在不同的大陸上慢慢進化。其中，以曾經存在於非洲大陸的真獸類為起源的族群，就叫「非洲獸總目」。在這個族群之中，有廣泛分布於非洲到世界各地的大象，適應了水中生活的儒艮或海牛，還有相當有名的非洲特有哺乳類土豚或蹄兔等。而在另一邊南美大陸的真獸類中，有著被稱為「貧齒總目」的樹懶、犰狳、食蟻獸等動物，即使到了現代，也以南美大陸特有的動物聞名。就像這樣，隨著一個大型的大陸分裂成好幾塊，哺乳類動物也逐漸演化成各種模樣。

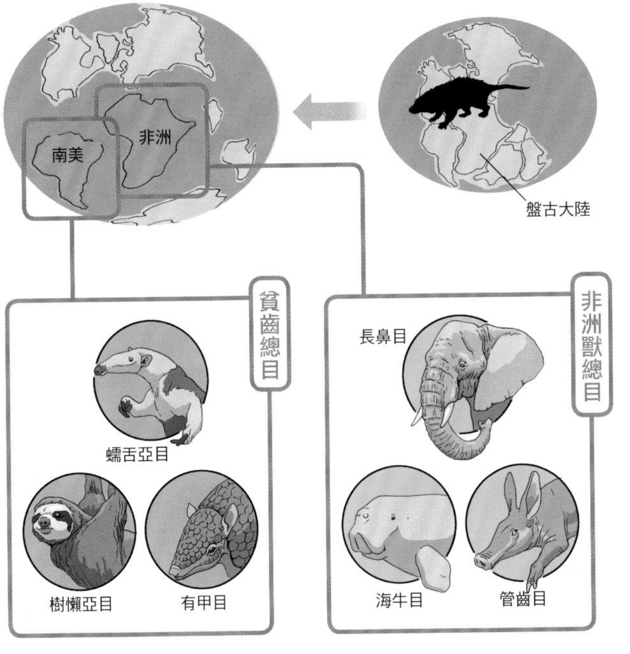

大象同類的歷史

現在的大象同類，只有非洲象和亞洲象這2種，不過在很久很久以前，光是已知的大象物種就有約170種存在。最原始的大象，是5800萬年前棲息在北非的磷灰獸，牠似乎是住在水邊，靠著吃水生植物過活。牠的腳很短，體型和狗差不多大，而生態和外表就像是小型的河馬一樣。

當磷灰獸來到了平原之

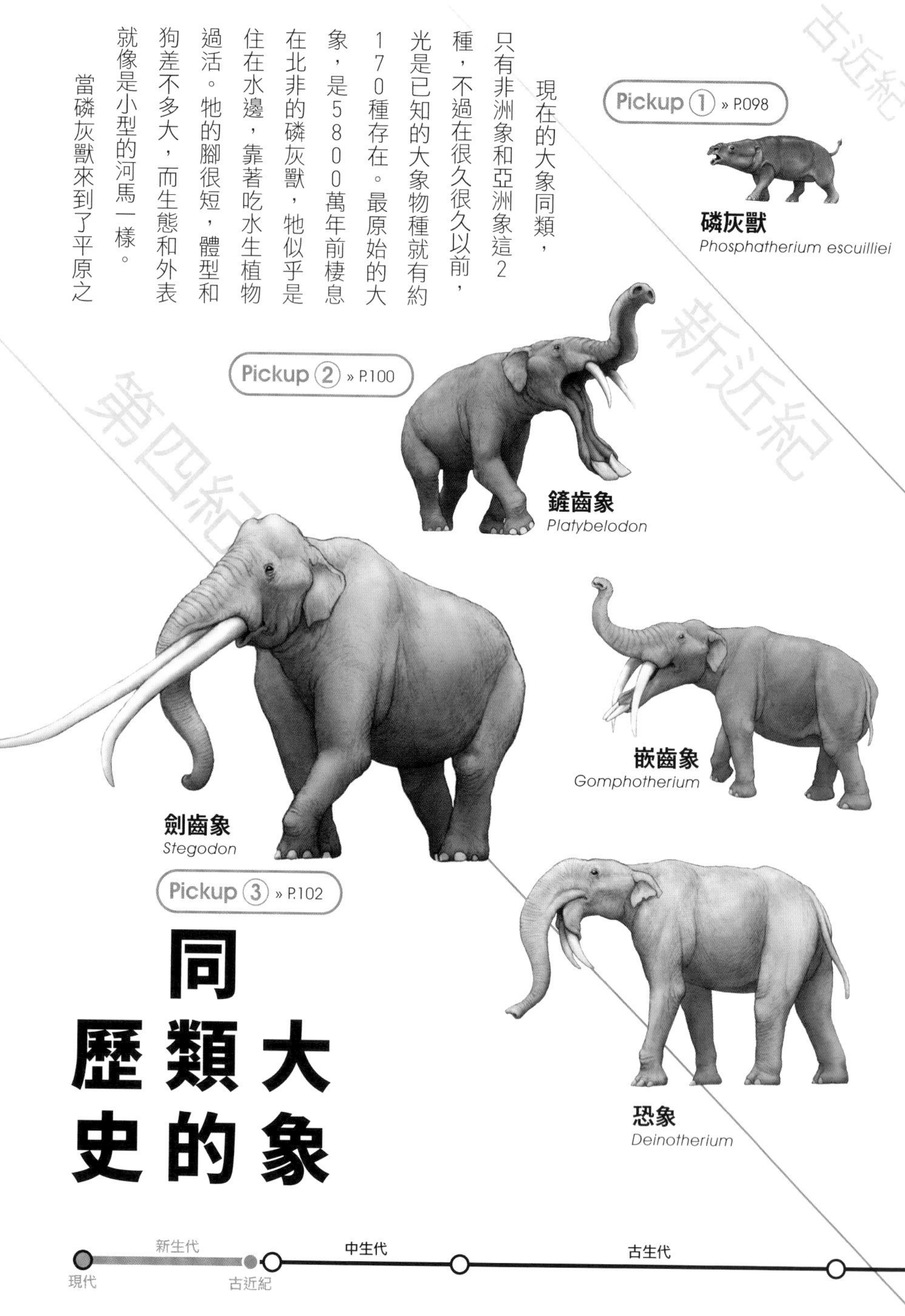

後，牠的體型變大，接著配合體型，四隻腳也變得像圓柱般又長又健壯。而當牠的身高變高，頭部的位置也變高，嘴巴無法碰到地面的植物和飲水後，脖子很短的大象同類們鼻子就逐漸變長，並且開始靈活運用牠們的鼻尖。而其中也出現了像是嵌齒象科的動物般，讓下頷長得更長的物種。牠們會用下頷和從那裡長出的牙齒，鏟起地面上的植物，或是挖掘地面以採集植物的莖，將樹枝切下以食用樹葉等。嵌齒象科廣泛棲息在幾乎整個北半球，在日本也挖掘出叫做*Gomphotherium annectens*及*Sinomastodon sendaicus*的嵌齒象科化石。另外，從這個嵌齒象科中衍生出了劍齒象科，以及猛瑪象和現在的亞洲象等所屬的象科。在日本也有發現這些大象的化石，其中和亞洲象屬於近親的納瑪象（*Palaeoloxodon naumanni*）非常有名。

大約在500萬年前，全世界開始變寒冷之後，嵌齒象科由於無法適應而滅絕了。長有長毛的猛瑪象雖然適應寒冷活了下來，卻因為狩獵及之後的地球暖化，最後也一樣滅絕了。到了現代數量變得稀少的大象，也因為人類需求象牙而不斷被盜獵，出現了滅絕的危機。

眞猛瑪象
Mammuthus primigenius
Pickup ④ » P.104

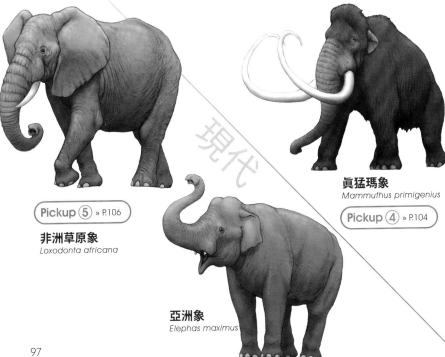

Pickup ⑤ » P.106
非洲草原象
Loxodonta africana

亞洲象
Elephas maximus

Phosphatherium escuilliei

磷灰獸

分類：**長鼻目　Numidotheriidae科**

棲息地：**北非**

在我們目前已知的範圍之中，據說磷灰獸是生活在最古老年代的大象同類。牠們出現在新生代最早期的古新世，棲息於大約5600萬年前的北非。這個時代地球已經變得相當溫暖，氣候潮濕。原始模樣的磷灰獸雖然是大象的同類，體長卻只有60cm左右。牠的身上沒有大象最具特徵的長鼻子以及發達的象牙，大小和狗差不多，簡直像是河馬一般的動物。牠就連生態也和河馬很相似，人們推測牠會待在潮濕的環境中將水草之類的植物當作主食，是水陸兩棲的動物。在世人認為包含磷灰獸在內的Numidotheriidae科是大象的同類之前，一般都把大約3600萬年前、比磷灰獸還晚出現的始祖象（*Moeritherium*）當作是大象同類中最古老的祖先。牠和磷灰獸一樣身體偏長、腳較短，體長約1m左右，一般在想像中同樣是吃水草維生的水陸兩棲動物。不過始祖象的體型雖然和現在的大象相差甚遠，卻比磷灰獸進化得更像大象的同類。說到大象，一般就會想到呈尖牙狀長長的門牙，雖然磷灰獸並沒有這種門牙，但始祖象的門牙已經開始伸長，而且也和現在的大象一樣，犬齒已經消失了。

生存年代：

古近紀 古新世後期

現代　新生代　中生代　古生代

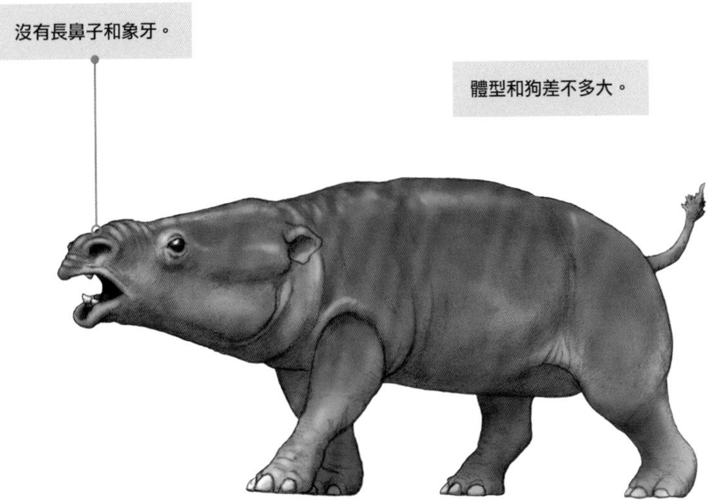

沒有長鼻子和象牙。
體型和狗差不多大。

「相似度」零，
像河馬般的大象。

體長：60 cm

Platybelodon

鏟齒象

分類：**長鼻目　鏟齒象科（Amebelodontidae）**

棲息地：**亞洲、歐洲、非洲、北美**

將生活場所從森林轉換到廣闊草原的草食性動物，在進化的過程中體型也逐漸變大。然後牛或馬的同類隨著體型變大、身高變高，相對的嘴巴為了要能接觸到地面，頭或脖子也慢慢變長。另一方面，從現在的大象外表來看，我們可以看出大象和這些草食性動物進化成了不同的形態。大象的脖子較短，相對的鼻子很長，會用鼻子靈巧地拔起地面上的草送到嘴裡。

大象同類就像這樣進化成特殊的模樣，不過其中也有異類的大象，那就是鏟齒象科（Amebelodontidae）的大象們。大象同類的門牙都特別發達，有著長長的尖牙，不過鏟齒象科中較原始的物種，不只是上頜長有門牙，在下頜也有。而進化到鏟齒象時，下頜長到光是站著就能碰到地面，其前端有著長方形板狀的牙齒，形狀就像是大型的鏟子一樣。一般認為鏟齒象會用這個牙齒連根挖掘起植物，或把這個牙齒當作柴刀將樹枝切下，無論如何，似乎都是用來收集作為糧食的植物。比鏟齒象科還要更晚登場的大象同類，下頜並沒有牙齒，取而代之的是上頜的牙齒更加發達，逐漸傾向於用來當作展示為主。

生存年代：

新近紀 中新世

現代　新生代　中生代　古生代

鏟齒象變長的不只有鼻子。

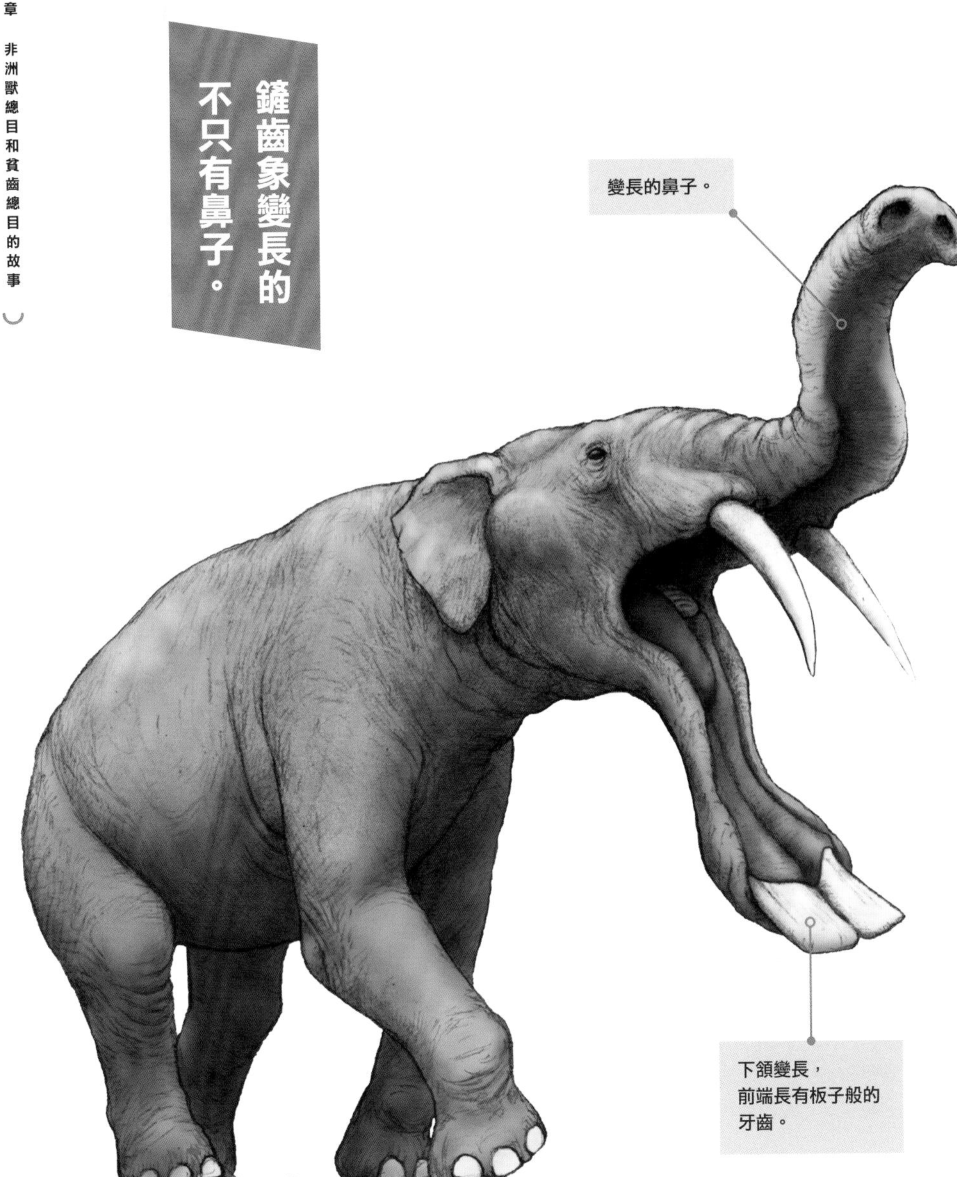

體長：4 m

大象的同類

Pickup 3

Stegodon

劍齒象

分類：長鼻目　劍齒象科

棲息地：亞洲

大象的同類中有象科、嵌齒象科和乳齒象科等等的類別，其起源雖然都來自非洲，但只有劍齒象科的起源是來自於亞洲（中南半島附近），在日本也發現過許多化石。生存在約200萬年前的曙光劍齒象（*Stegodon aurorae*）屬於小型的劍齒象，在其他的國家並沒有發現類似的化石，是日本的特有種。另外也發現過大型的劍齒象，生存在約400萬年前的三重象（*Stegodon miensis*）體型和非洲象相同，甚至有凌駕其上、體長達到8m的個體，是相當巨大的大象。話說回來，說到大象就會想到長鼻子或象牙，但除此之外牠們的臼齒也有奇異的特徵。人類的牙齒在乳牙脫落後，會從下方以垂直交換的方式長出永久齒。不過現在的大象或猛瑪象等象科的臼齒，上下左右只有各長一顆，如果臼齒磨損就會從顎骨中長出新的臼齒，一邊將舊的臼齒擠出去一邊像輸送帶般往

生存年代：

新近紀 上新世～第四紀 更新世

現代　新生代　中生代　古生代

已經採用了輸送帶式的牙齒水平交換機制。

前移動。和象科較接近的劍齒象科也有這種水平交換機制。體型龐大的大象們，會吃下大量的植物，壽命也很長，因此必須讓臼齒長久保持下去。會以水平交換慢慢推出牙齒，就是因應這點。

臼齒的交換機制
和大象一樣。
緊密並排的
長象牙。
鼻子或許垂在一旁？

體長：8 m

Mammuthus primigenius

眞猛瑪象

大象的同類 Pickup ④

分類：長鼻目　象科

棲息地：歐亞大陸北部到北美北部

說到猛瑪象，經常會讓人想到曾經在冰河時期的北方大地繁盛，有長長的體毛覆蓋全身的真猛瑪象。不過猛瑪象有好幾種同類，也曾有過棲息在溫暖的環境，沒有長毛的猛瑪象。除此之外我們知道猛瑪象的故鄉和我們人類一樣在熱帶的非洲，連登場時期也和人類一樣，是在約500萬～400萬年前。據說猛瑪象是在大約300萬年前從非洲橫渡到歐亞大陸，而真猛瑪象是在約10萬年前出現，也就是冰河時期造訪地球之後。真猛瑪象在冰河時期的西伯利亞和遍布北美北部的猛瑪草原（Mammoth steppe）上，適應了寒冷的氣候並繁盛一時。不過當人類學會裁縫技術後，便將防寒衣物穿在身上，就好像追在後頭一樣，也開始來到猛瑪象棲息的嚴寒地帶。由於人類的過度狩獵，真猛瑪象不時面臨存亡的危機，另外冰河時期的結束更是將牠們打入絕境，溫暖的氣候使得植生狀態產生變化，原本當作糧食的植物

生存年代：

第四紀 更新世～全新世

現代　新生代　中生代　古生代

存活過冰河期毛茸茸的大象。

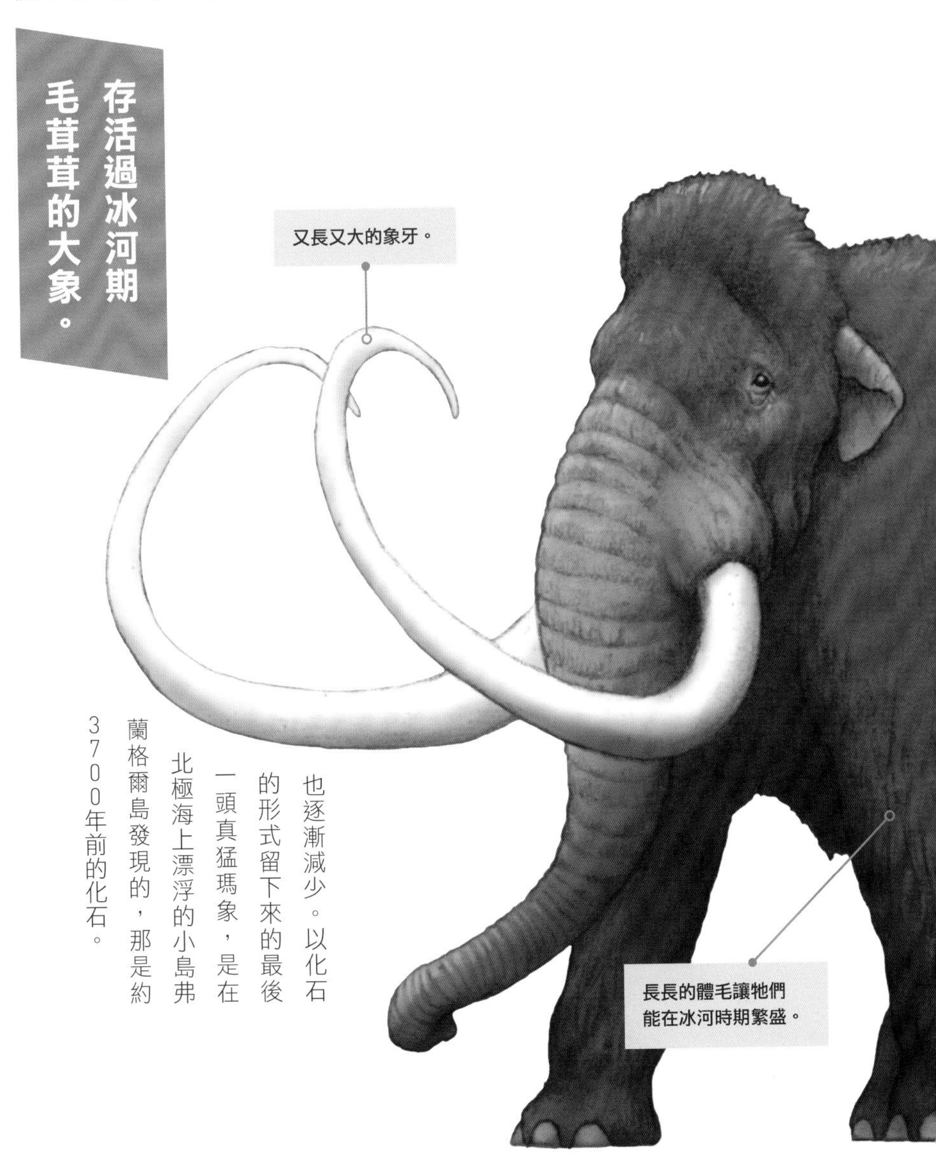

又長又大的象牙。
長長的體毛讓牠們能在冰河時期繁盛。

也逐漸減少。以化石的形式留下來的最後一頭真猛瑪象，是在北極海上漂浮的小島弗蘭格爾島發現的，那是約3700年前的化石。

體長：5 m

Loxodonta africana

非洲草原象

分類：長鼻目　象科

棲息地：撒哈拉沙漠以南的非洲

非洲草原象是現代的陸生動物中體型最大的動物。大象的現生種中其實還有亞洲象，但是實際上體格有所差異，而且非洲草原象的大耳朵給人更大的魄力。牠的耳朵或許是歷代的大象同類中最大的，一般認為這對耳朵扮演著很重要的職責。由於非洲草原象的體型龐大，體溫容易聚積在體內，再加上非洲熱帶草原陽光毒辣，必須有對抗酷暑的對策，因此牠們會搖晃耳朵搧風以調節體溫，讓身體裡的熱度散出去。另外，牠們似乎也會張開耳朵來威嚇敵人。成年的非洲草原象，雖然因為其巨大的體型而沒有天敵，不過母象會和受保護的幼象組成象群。而公的幼象長大到12〜16歲就會離開象群單獨生活，或是和年輕的公象組成象群生活。接著讓我們換個話題，根據東京大學教授最新的研究，我們發現非洲草原象其實擁有相當優異的嗅覺。牠們感受空氣中味道分子的嗅覺受體基因是狗的2倍、人類的5倍，連狗判別不出來的味道都能夠予以區分。也有一種說法指出，這種嗅覺能夠區分一直以來會狩獵非洲草原象的馬賽族男性，以及不會狩獵非洲草原象的坎巴族，以避開馬賽族男性。

生存年代：

現代

現代　新生代　中生代　古生代

靈巧地操控長鼻子和大耳朵，陸地上最大的動物。

體長：7 m

來比較看看吧！

儒艮的過去和現在

包含儒艮在內，海牛類的祖先以前是能夠用腳行走的。目前我們已知最古老的海牛類，是從牙買加古近紀始新世的地層之中發現了化石的*Pezosiren*，牠棲息在5000萬年前的加勒比海及岸邊，名字的意思是「會走路的人魚」，這個名字是在發現化石的2001年所

體長：2 m

能用 4 隻腳行走。

Pezosiren

分類：海牛目　始新海牛科（Prorastomidae）

棲息地：牙買加

古近紀　始新世前期

命名的。一般認為牠們能夠用4隻腳在陸地上行走，是半水生動物。雖然主要在水中活動，但胸鰭的形狀還沒變成跟現在的儒艮或海牛一樣，並不完全。

在鯨魚或是海豹等棲息在大海的海生哺乳類之中，海牛類是唯一一種草食性動物，主食是海草或水草。儒艮生性偏食，只會吃大葉藻或卵葉鹽藻等海草，所以只會棲息在長有這些海草的熱帶淺海地區。而牠們所吃的海草含有非常豐富的纖維，難以消化，因此儒艮的腸子最長可達45m。

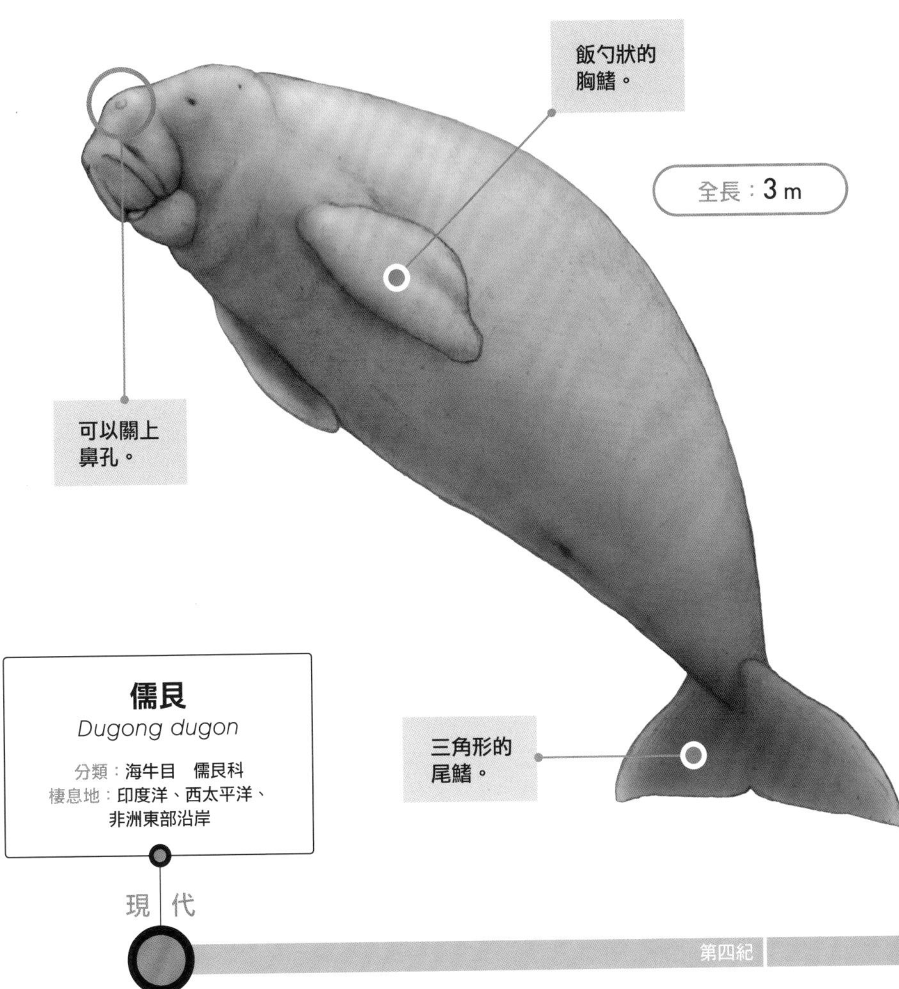

儒艮
Dugong dugon
分類：海牛目　儒艮科
棲息地：印度洋、西太平洋、非洲東部沿岸

現代

第四紀

犰狳的過去和現在

「貧齒總目」下分為兩個族群，一個是用鱗甲覆蓋住身體的犰狳等所屬的「有甲目」，另一個是食蟻獸、樹懶等所屬的「披毛目」。最先出現的是有甲目，其最古老的物種是在5600萬年前古近紀古新世的地層中發現的*Riostegotherium*。而棲息在新近紀的上新世的

半球狀的甲殼。

頭部也有盔甲。

尾巴上有小釘子。

體長：3 m

Panochthus

分類：貧齒總目　有甲目　雕齒獸亞科
棲息地：南美（烏拉圭）

新生代

新近紀　古近紀

*Panochthus*則是繼承了此系統的犰狳近親，牠的身體包覆著半球狀的甲殼，體長約3m，是相當巨大的動物。牠的頭部也有盔甲，尾巴甚至排列著小小的釘子，似乎就是以這種完全防禦的姿態保護自己。

雖然無法和*Panochthus*匹敵，不過現在的犰狳同類中也有巨犰狳這種含尾巴在內有1．5m長的物種。這種動物生活在森林或熱帶草原，喜歡待在水邊。其強而有力的前肢有著20cm長的長爪，會用這對長爪挖洞、將整個身體潛入洞裡，度過整個白天。和牠的外表不同，巨犰狳無法將身體變成球狀，不過遇到天敵的威脅時能夠快速地挖洞逃進去。

巨犰狳
Priodontes maximus
分類：貧齒總目　有甲目　大犰狳屬
棲息地：南美
（阿根廷、巴拉圭）

現代　新近紀 上新世　第四紀

索齒獸的軌跡

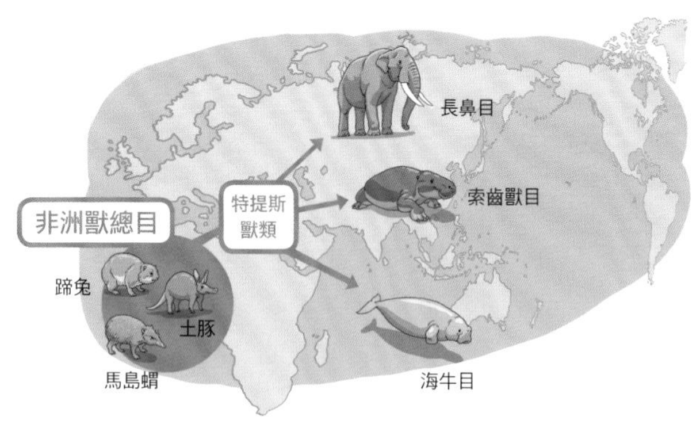

各位知道只棲息在非洲大陸或馬達加斯加島上的土豚、馬島蝟或蹄兔嗎？這些動物都是「非洲獸總目」的同類，恐怕到目前為止，都沒有離開過非洲分布到世界各地，至今依然是非洲大陸特有的動物。另一方面，也有離開非洲大陸廣泛分布在世界各地的非洲獸總目，那就是大象和海牛的同類。目前已知大象的同類是藉由陸路從非洲擴散到各地，也曾在最遙遠的南美發現化石，幾乎廣泛分布在世界各地。而儒艮或海牛等廣為人知的海牛同類，和鯨魚一樣，一生都在水中度過，牠們也透過大海去到了世界各地。只不過牠們和鯨魚不同，是草食性動物，喜歡分布在熱帶淺海地區的大葉藻等水生植物，因此似乎沒有去到遠洋。

話說回來，除了這兩種族群以外，其實還有一種非洲獸總目也曾經離開過非洲大陸，廣泛分布到世界各地，那就是已經滅絕的「索齒獸目」。這三個族群有非常近的親緣關係，又由於進化的舞台主要在古地中海（又稱特提斯洋）附近，因此也叫做「特提斯獸類」。而大象是陸生動物，海牛是水生動物，索齒獸目則是半水生動物，雖然這些動物曾經都繁盛一時，但是只有索齒獸目在大約1千萬年前就滅絕了。索齒獸目的代表性動物為古索齒獸（*Paleoparadoxia*）和索齒獸（*Desmostylus*），其復原圖被畫成河馬和海獅合體的模樣。化石大多產出於日本，甚至也發現過完整的全身骨骼。可說是日本誇耀於全世界的化石哺乳類之一。

離開故鄉非洲的特提斯獸類們之後續。

[Question]

這是什麼動物的祖先呢？

答案 下一頁

大地懶

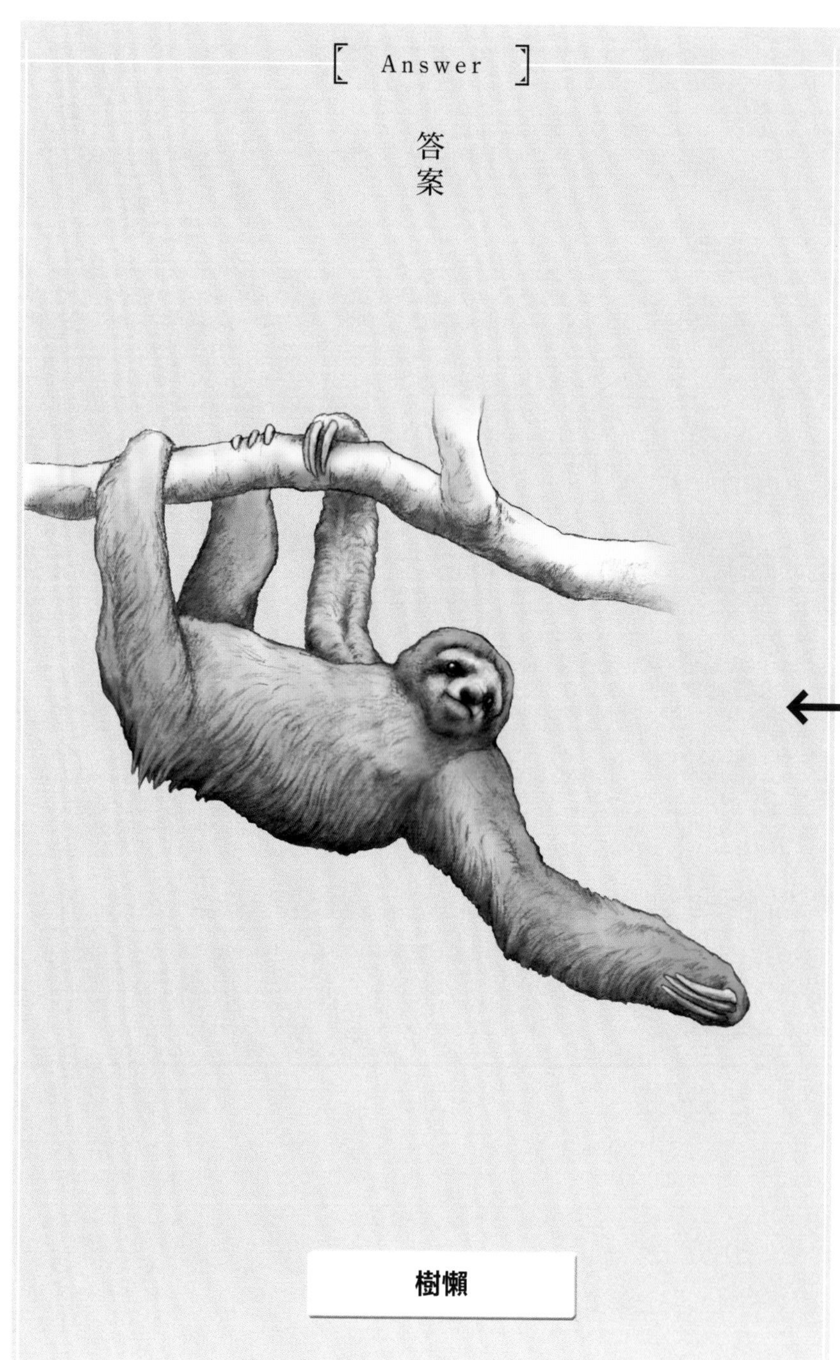
Answer
答案
樹懶

史前種

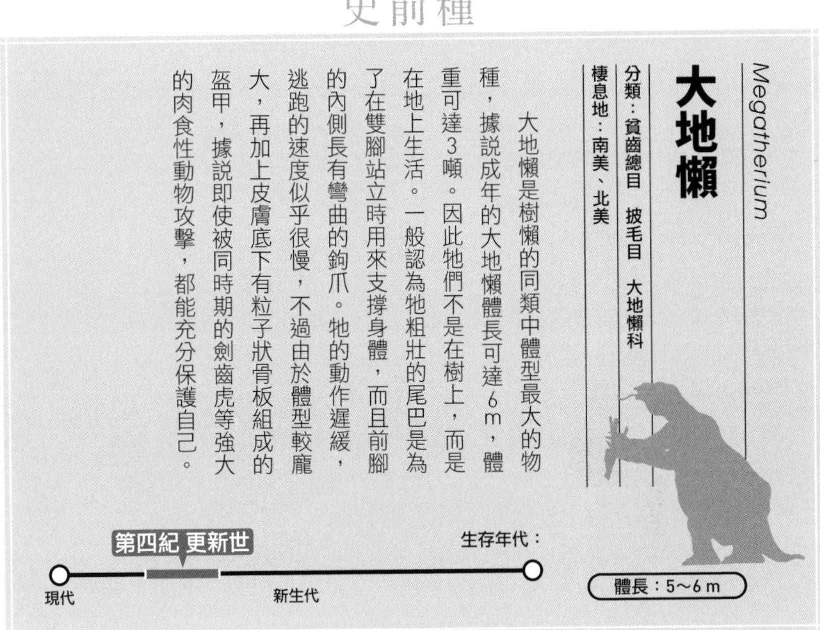

大地懶 *Megatherium*

分類：貧齒總目　披毛目　大地懶科

棲息地：南美、北美

大地懶是樹懶的同類中體型最大的物種，據說成年的大地懶體長可達6m，體重可達3噸。因此牠們不是在樹上，而是在地上生活。一般認為牠粗壯的尾巴是為了在雙腳站立時用來支撐身體，而且前腳的內側長有彎曲的鉤爪。牠的動作遲緩，逃跑的速度似乎很慢，不過由於體型較龐大，再加上皮膚底下有粒子狀骨板組成的盔甲，據說即使被同時期的劍齒虎等強大的肉食性動物攻擊，都能充分保護自己。

現生種

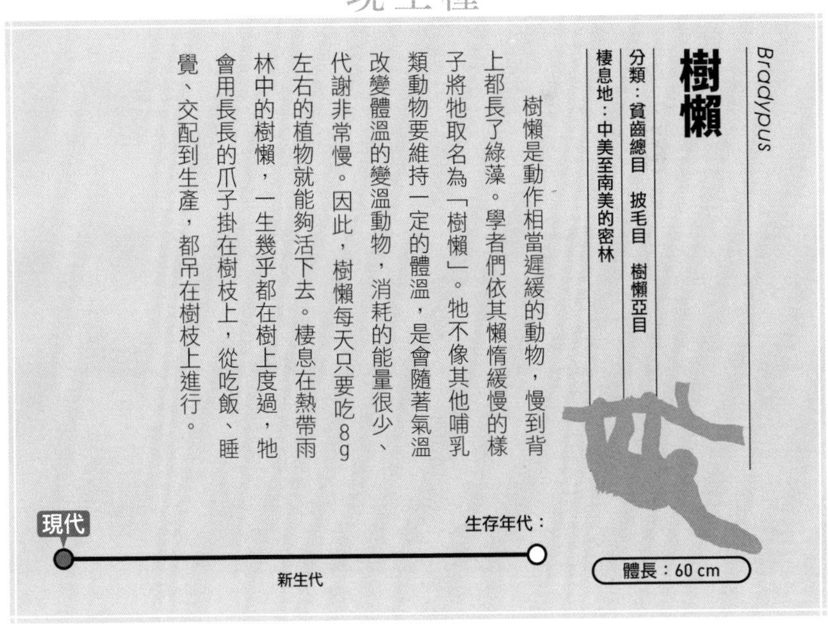

樹懶 *Bradypus*

分類：貧齒總目　披毛目　樹懶亞目

棲息地：中美至南美的密林

樹懶是動作相當遲緩的動物，慢到背上都長了綠藻。學者們依其懶惰緩慢的樣子將牠取名為「樹懶」。牠不像其他哺乳類動物要維持一定的體溫，是會隨著氣溫改變體溫的變溫動物，消耗的能量很少、代謝非常慢。因此，樹懶每天只要吃8g左右的植物就能夠活下去。棲息在熱帶雨林中的樹懶，一生幾乎都在樹上度過，牠會用長長的爪子掛在樹枝上，從吃飯、睡覺、交配到生產，都吊在樹枝上進行。

之後，有袋類在澳洲大陸上獨自完成進化，出現各個物種而變得繁盛一時。不過，只要觀察現在澳洲的有袋類，便會發覺其中有許多動物，和其他大陸上的真獸類模樣相似。例如，歐亞大陸或北美，有著會從一棵樹滑行到另一棵樹上的松鼠同類飛鼠（鼯鼠），而澳洲的有袋類中，也有和飛鼠相似的密袋鼯，生活型態也很接近。其他還有類似鼴鼠的袋鼴，類似食蟻獸的袋食蟻獸。而滅絕種中則曾經有過類似野狼的袋狼。就像這樣，從真獸類和有袋類兩個完全不同的系統中衍生出的動物們，在相同的生態環境下經過演化之後，與沒有親緣關係的物種變成相似的模樣。這種現象就叫做「趨同進化（Convergent evolution）」。

另一方面，有袋類雖然完成了類似於各種真獸類的進化，卻也有在進化過程中無法成為的物種，那就是鯨魚或海牛等水生動物。雖然有袋類中有著唯一一種適應水生環境的蹼足負鼠，但是卻沒有任何的有袋類能夠完全適應水生環境，在水中度過一生。譬如鯨魚連生育也會在水中進行，生下來的小寶寶馬上就會游泳，必須自己游到水面用肺呼吸才行。不過對於在不成熟的狀態下誕生的有袋類小寶寶來說，這很難做到吧？因此，有袋類無法變成鯨魚。

無法變成鯨魚的有袋類

現生種的哺乳類主流雖然是真獸類（胎盤類動物），不過哺乳類中其實還有另一個大型的族群，那就是「有袋類」。除了澳洲大陸上廣為人知的袋鼠、無尾熊之外，有袋類還包括棲息在南美或北美的負鼠科。說到真獸類和有袋類最大的不同之處，那就是繁殖方法。包括我們人類在內的真獸類在懷孕後，首先受精卵會開始進行細胞分裂，接著會不斷反覆分裂，形成小寶寶的基礎細胞，以及供給小寶寶營養的「卵黃囊」。最後卵黃囊消失，形成「胎盤」之後，小寶寶便會透過這個胎盤吸收來自母親的營養和氧氣，長大之後再被生出來。另一方面，有袋類不會形成這種胎盤，小寶寶會在還未長大的狀態下被生出來，接著會待在母親腹部的「育兒袋」中一邊吸取母乳一邊成長。像這樣說明之後，乍聽之下會覺得有袋類的繁殖好像劣於真獸類，但其實並非如此。這種繁殖方法的優點是懷孕期間不長，因此小寶寶在育兒袋中成長的期間，母親也能交配、懷孕。在很久以前，澳洲大陸曾經有過真獸類和有袋類共存的時期，然而最後真獸類卻受到有袋類的壓迫而滅絕。活下來的有袋類，或許就是因為這種高效率的繁殖方法奏效，能夠在短時間內生下大量的小孩。

恐龍沒有滅絕。

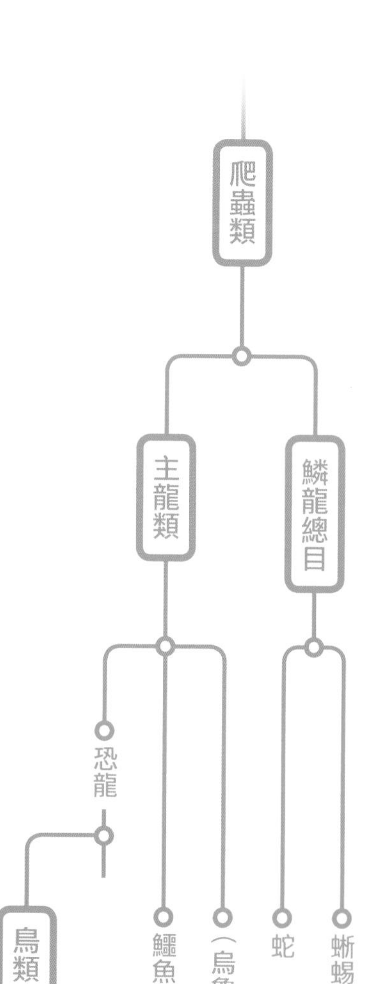
爬蟲類
主龍類
鱗龍總目
恐龍
鳥類
鱷魚
（烏龜）
蛇
蜥蜴

到第3章為止我們已經看了各種哺乳類動物，不過動物並不只有哺乳類而已。在第4章，我們將著重在遠離離哺乳類系統的鳥類和爬蟲類。現在的爬蟲類大致上可分為蜥蜴、蛇、烏龜和鱷魚，不過除此之外，很久以前還存在過許多其他的爬蟲類動物。包含這些滅絕的動物在內，爬蟲類大致上分為兩個族群，那就是「鱗龍總目」和「主龍類」。將現在的爬蟲類進行歸類的話，蛇和蜥蜴是鱗龍總目，鱷魚則屬於主龍類（雖然從基因分析可得知烏龜是主龍類，但也有不同的說法，因此這裡暫且不提）。換句話說，蛇和蜥蜴是鱗龍總目的後代，鱷魚則是主龍類的後代。而主龍類也包含鳥類在內，也就是說，比起同樣是爬蟲類的蛇或蜥蜴，鱷魚和鳥類的親緣關係更加接近。話雖如此，正如各位所見，牠們的模樣實在大不相同。為什麼關係明明如此接近，樣貌卻會如此不同呢？那是因為鱷魚和鳥類之間存在著一段很大的空白，這段空白中包含了「滅絕的恐龍」。大約在2億3000萬年前，和鱷魚相近的爬蟲類中演化出了原始的恐龍，之後牠們逐漸繁盛進化成各種模樣。其中一部分進化的恐龍當中便誕生了鳥類。當時的鳥類還是恐龍族群的一份子，和其他的恐龍共存了1億年以上，而在6600萬年前巨大的隕石撞擊猶加敦半島之後，使得地球的環境完全改變，除了鳥類以外的恐龍全部都滅絕了。不過，繼承了恐龍DNA的鳥類在之後也依然繁盛，現在成為了統治天空的存在。

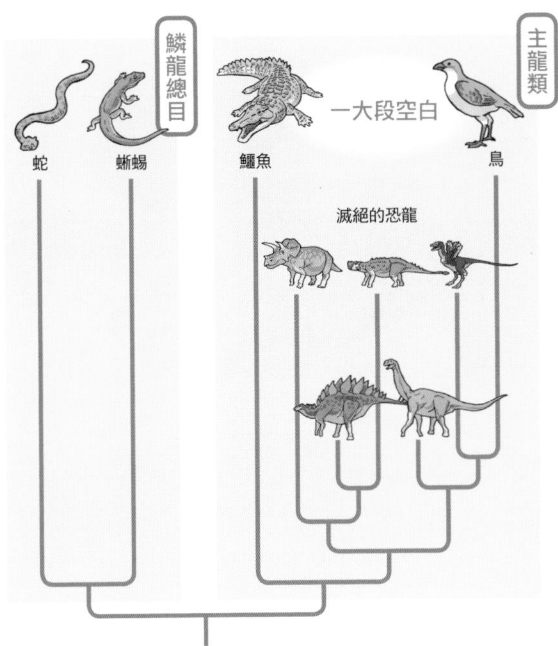

鳥類和恐龍的歷史

鳥類是由恐龍進化而成的——這已經是無可動搖的定論。而證明這點的，就是屬於「獸腳亞目」的「虛骨龍類」族群的中華龍鳥，在1995年挖掘出牠的全身化石時，已經認定牠從背部到尾巴都有羽毛的痕跡。一般認為中華龍鳥全身（至少背部）都有羽毛覆蓋，這就成了恐龍和鳥類是近親之說

侏儸紀後期

Pickup ① » P.122

始祖鳥
Archaeopteryx

白堊紀前期

孔子鳥
Confuciusornis

中華龍鳥
Sinosauropteryx prima

Pickup ② » P.124

顧氏小盜龍
Microraptor gui

Pickup ③ » P.126

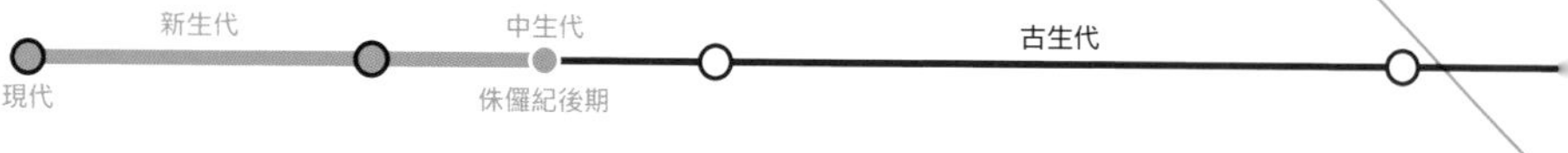

白堊紀後期

新生代 中生代 古生代
現代 侏儸紀後期

法的有力證據。

另外，學者也有發現過生存在8000萬年前的偷蛋龍在巢穴中產卵，看似正在孵蛋的化石。而在虛骨龍類之中，屬於最接近鳥類的「馳龍科」的顧氏小盜龍，不只是前肢，連後肢也長有翅膀，能夠在空中飛行。這些虛骨龍類的體型較小，骨骼也變輕，是一群身輕如燕的恐龍。但另一方面，全長12m，體重達6噸的暴龍也屬於這個族群。其實在暴龍最原始的同類中，也有身體嬌小並長有羽毛的物種，有人指出，暴龍的孩子身上可能也有羽毛。

雖然我們在白堊紀的地層中發現了許多長有羽毛的恐龍化石，不過從恐龍進化而成的最古老的鳥類「始祖鳥」，其實是在1億5000萬年前的侏羅紀後期出現的。牠們和現在的鳥類很像，不過頷部長有牙齒，翅膀上有長著鉤爪的3根趾頭，尾巴很長，有著和恐龍很像的特徵。在這之後，鳥類雖然隨著恐龍一起繁盛起來，不過在白堊紀末期出現的大滅絕時期，恐龍滅絕了，只有在環境變化下也能透過飛行移動的鳥類存活下來。隨後牠們為了尋找繁殖的對象而不斷拓展分布的地區，直到現在都一直繁榮著。

暴龍
Tyrannosaurus rex

Pickup ④ » P.128

偷蛋龍
Oviraptor philoceratops

Pickup ⑤ » P.130

現代

翠鳥
Alcedo atthis

Pickup ⑥ » P.132

蒼鷹
Accipiter gentilis

南方食火雞
Casuarius casuarius

Archaeopteryx

始祖鳥

分類：蜥臀目　始祖鳥科

棲息地：歐洲（德國）

鳥類是恐龍存活下來的物種，現在這已經是千真萬確的說法，而支持這個說法的關鍵就是以「最初的鳥」聞名的始祖鳥。現在一般將鳥類定義為「比始祖鳥更加進化後的恐龍」。會如此定義，其中一個原因是始祖鳥雖然擁有雄偉的翅膀，卻沒有拍動翅膀的能力，只能從樹木滑行到另一棵樹木，是種很原始的鳥類。要拍動羽毛需要有相應的肌肉，而始祖鳥並沒有支撐這種肌肉的骨頭「龍骨突」。不過，我們從大腦的構造可以看出始祖鳥的三半規管很發達，在空中飛行時的平衡感應該相當好。最初的始祖鳥化石是在1861年於德國侏羅紀後期的地層中發現，在那之後也發現了好幾個保存良好的化石。從這些化石上已經確認始祖鳥長有飛羽，乍看就像鳥類一樣，不過牠的頷部有銳利的牙齒，翅膀上有長著鉤爪的3根趾頭，也有長長的尾巴，可以看出和恐龍或爬蟲類有許多相近的特徵。查爾斯・達爾文是在發現始祖鳥之前的1859年發表《物種起源》，其中的進化論寫道「我們現在看到的各種生物間都有所關聯，每個物種都是花費漫長的時間演化而誕生」。而擁有鳥類和爬蟲類特徵的始祖鳥，就成了這種說法的背書。

生存年代：

侏儸紀後期（大約1億5000萬年前）

現代　新生代　中生代　古生代

連結恐龍和鳥類的「進化的證人」。

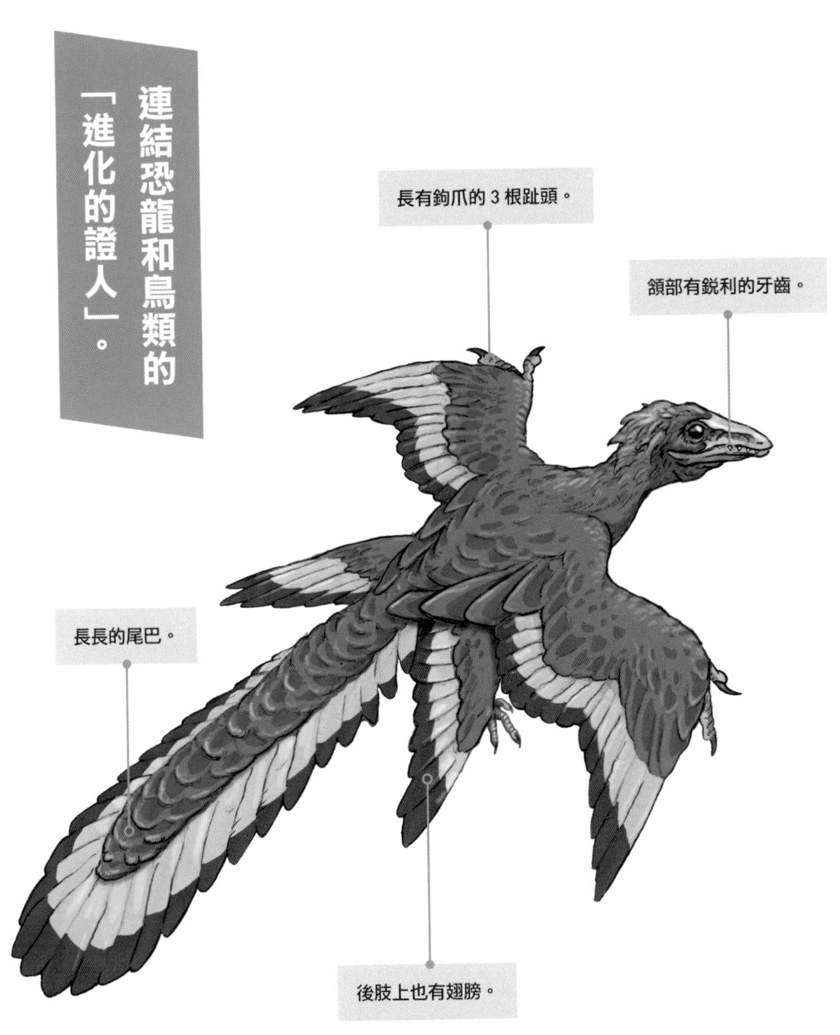
長有鉤爪的 3 根趾頭。
頷部有銳利的牙齒。
長長的尾巴。
後肢上也有翅膀。

全長：50 cm

Sinosauropteryx prima

中華龍鳥

分類：獸腳亞目　虛骨龍類

棲息地：中國

1996年時，在一片驚呼中，從中國遼寧省的地層「熱河群」挖掘出了中華龍鳥的化石。人們從這個化石上發現了羽毛的痕跡，這也確定了除了鳥類以外，別的恐龍也長有羽毛的事實。以這塊化石為開端，之後以中國為中心又陸續發現了覆蓋著羽毛的恐龍化石，現在「有羽毛恐龍」這個名詞已經變得相當普遍。中華龍鳥的羽毛並不像鳥類的羽毛有著複雜的結構，只是長5mm左右的纖維狀物體，這種羽毛叫做「原始羽毛」。中華龍鳥包含長長的尾巴在內，全長只有1m左右，體型非常嬌小，一般認為牠是藉由覆蓋在身上的羽毛來提高保溫性，以防止體溫從嬌小的身體中流失。

在這之後，學者進一步進行有關於中華龍鳥羽毛的研究，在2010年時發現中華龍鳥有著形成色素之一「黑色素」的細胞器「黑色素體」。以往恐龍之類的史前生物，其身體顏色都是透過想像描繪出來的，不過將黑色素體的形狀和分布與現在的動物比較過後，我們就能夠推測出顏色的樣式，並藉此得知中華龍鳥的腹部顏色明亮，背部和眼睛周圍是暗橘色，尾巴則有條紋。

生存年代：

白堊紀前期（大約1億3000萬年前）

現代　新生代　中生代　古生代

毛茸茸又色彩鮮豔？發現顛覆印象的有羽毛恐龍。

由於發現了黑色素體，
得知尾巴是條紋花樣。
羽毛有保溫的效果。
全長：1 m

Microraptor gui

顧氏小盜龍

分類：**獸腳亞目　虛骨龍類　馳龍科**

棲息地：**中國**

有關於鳥類飛向天空的起源，自始祖鳥（第122頁）以來最重要的發現，就是在2003年時發表的顧氏小盜龍。顧氏小盜龍是相當接近鳥類的恐龍之一，從留有全身的化石之中，已經確認在前肢和後肢的翅膀上都與現在的鳥類一樣，有著相當發達的飛行用飛羽。也就是說，這是一種四肢上共長了4片翅膀的恐龍。

以顧氏小盜龍的報告為契機，後來不僅發表了近鳥龍（*Anchiornis*）和長羽盜龍（*Changyuraptor*）等擁有4片翅膀的新恐龍物種，在顧氏小盜龍發表後不久的2006年，也有人指出被視為最原始鳥類的始祖鳥後肢上也有羽毛，共有4片翅膀。雖然4片翅膀的模樣看起來很奇特，不過對於剛開始飛翔的早期鳥類和接近鳥類的恐龍而言，這或許是標準的配備。顧氏小盜龍也和始祖鳥一樣，拍動翅膀需要肌肉，而牠身上缺乏能夠支撐這種肌肉的骨頭。取而代之的，牠似乎是藉由4片翅膀，讓翅膀的面積更大，使自己滑行時能夠長時間滯留在空中。之後，隨著拍動翅膀的能力提升，出現了後肢翅膀退化的鳥類，一般認為這些鳥類與現在飛翔的鳥類息息相關。

生存年代：

白堊紀前期

現代　新生代　中生代　古生代

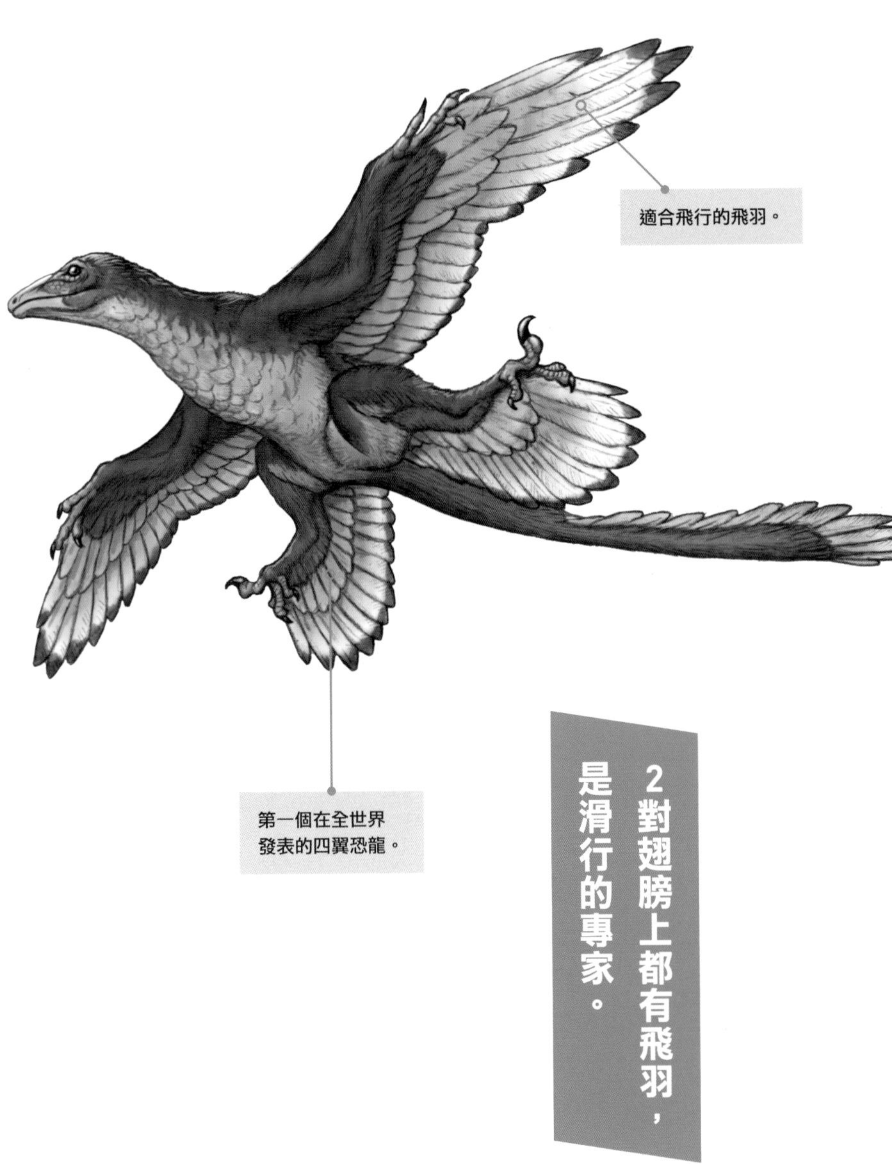
適合飛行的飛羽。
第一個在全世界
發表的四翼恐龍。

2對翅膀上都有飛羽，是滑行的專家。

全長：80 cm

Tyrannosaurus rex

暴龍

分類：獸腳亞目　虛骨龍類　暴龍科

棲息地：北美

是否有羽毛的爭論從未停歇。

咬合力是灣鱷的 3.6 倍。

暴龍是生存在恐龍時代末期的最大型肉食性恐龍。雖然牠是虛骨龍類的同類，但這個族群幾乎都是小型的有羽毛恐龍，其實就連鳥類也屬於這個族群。其中暴龍的身體龐大，進化成相當異樣的面貌。就如世人稱其為「最強的恐龍」一般，暴龍作為肉食性恐龍的能力非常

全長：12 m

生存年代：

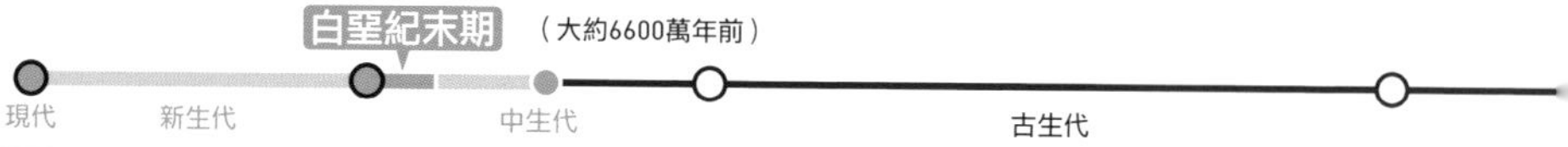

白堊紀末期（大約6600萬年前）

現代　新生代　中生代　古生代

從小型有羽毛恐龍的族群中登場的最強恐龍。

在虛骨龍類中
屬於異類的龐大身體。

強大，在後半部突然變寬的頭部中，容納著相當龐大的頷部肌肉，因此暴龍有著相當驚人的咬合力。舉例來說一般說到咬合力強的動物就會想到鱷魚，而其中特別大型的灣鱷（第162頁）咬合力有1600牛頓。相對的，暴龍的咬合力則推測為57000牛頓。另外，牠的牙齒也粗大的像是鈍器一樣，即使沒有銳利到能夠撕裂獵物，卻能像壓力機一樣咬碎獵物的骨頭。實際上，許多認為屬於暴龍的糞化石中，都已經確認其中含有骨頭的碎片。而在學者調查暴龍的頭顱骨（包覆腦袋的骨頭）後，已經得知暴龍的嗅球相當大，發達到和腦部不相稱的地步。一般認為這樣牠就能透過味道，察覺到遠處的獵物或躲藏於陰暗處的獵物。

Oviraptor philoceratops

偷蛋龍

分類：獸腳亞目　虛骨龍類　偷蛋龍科

棲息地：蒙古

偷蛋龍的屬名*Oviraptor*意思是「偷蛋的賊」。會取這種意思的名字，是因為這個化石是在有蛋的巢穴化石附近發現的。而因為偷蛋龍又胖又短的嘴喙，被認為相當適合敲破蛋殼，因此學者從這些狀況中推斷牠是以偷別的恐龍的蛋為食。不過在1993年時，發現了偷蛋龍彷彿覆蓋住巢穴裡的蛋的樣子，同時也確認了蛋裡面的是即將孵化的偷蛋龍寶寶（不過，原本被認為是偷蛋龍的這個化石，現在一般認為牠是近親的葬火龍）。從此以後，偷蛋龍會偷蛋的說法就被更正，現在普遍認為牠和鳥類一樣都會孵蛋。另外，在之後的研究中我們也得知，會孵蛋的似乎是公偷蛋龍。鳥類要生蛋，需要有大量的鈣來組成蛋殼，因此鳥類接近產卵期時，母鳥的骨頭中就會形成「骨髓骨」這個鈣質的儲藏庫。而我們所發現處於孵蛋狀態下的偷蛋龍，並沒有確認到這種骨髓骨，因此有人指出牠可能是雄性。由雄鳥負責孵蛋在現在的鳥類之中並不算多稀奇。譬如鴯鶓（*Dromaius novaehollandiae*）和南方食火雞等，都是在雌鳥產卵之後，由雄鳥負責孵蛋和照顧幼鳥。

生存年代：

白堊紀後期（大約7500萬年前）

現代　新生代　中生代　古生代

稀世的偷蛋賊真面目其實是超級奶爸!?

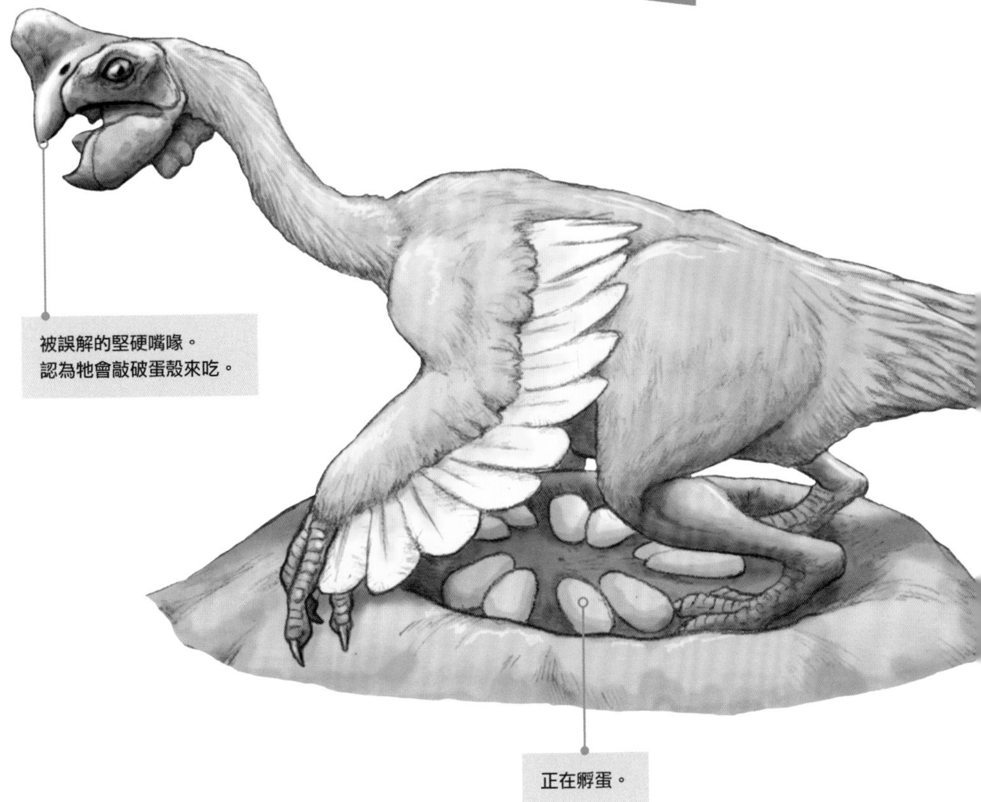

被誤解的堅硬嘴喙。
認為牠會敲破蛋殼來吃。
正在孵蛋。

全長：3 m

Alcedo atthis

翠鳥

分類：佛法僧目　翠鳥科

棲息地：歐洲、非洲北部到印度、東南亞

翠鳥是在歐亞大陸的南部、非洲北部、東南亞等地廣泛分布，大小和麻雀差不多的小型鳥類，在日本也有許多愛好者，名氣不小。經常棲息在河川、水池等水邊的翠鳥，翅膀和背部是帶有光澤的鈷藍色，腹部是鮮豔的橘色，這些色彩讓牠有著「溪流中的寶石」之稱。翠鳥喜歡魚、水中昆蟲、淡水的甲殼類，會站在能俯瞰水面的樹枝等高處，當牠找到獵物時，就會筆直地飛向水中捕食。翠鳥的嘴喙又細又長，讓牠從空中飛向水中時能毫無窒礙地潛入水中，而這個嘴喙的形狀據說也是新幹線500系先頭車廂降噪設計的靈感來源。翠鳥會在老鼠或鼬等天敵無法靠近的沙地或是垂直的河岸等處挖洞築巢。巢穴的長度約數十公分，深處有產房，會在那裡產下6～7顆左右的蛋。

雖然過去經常能在都市中看到翠鳥，但由於高度經濟成長期的家庭排水及工廠排水汙染了許多河川，再加上河岸河堤工程的進展，使得翠鳥過去築巢的土坡變成了水泥，能夠繁殖的地方逐漸減少。不過在郊外或留有較多自然景觀的地方，現在也依然能觀賞到牠美麗的模樣。

生存年代：

現代

現代　新生代　中生代　古生代

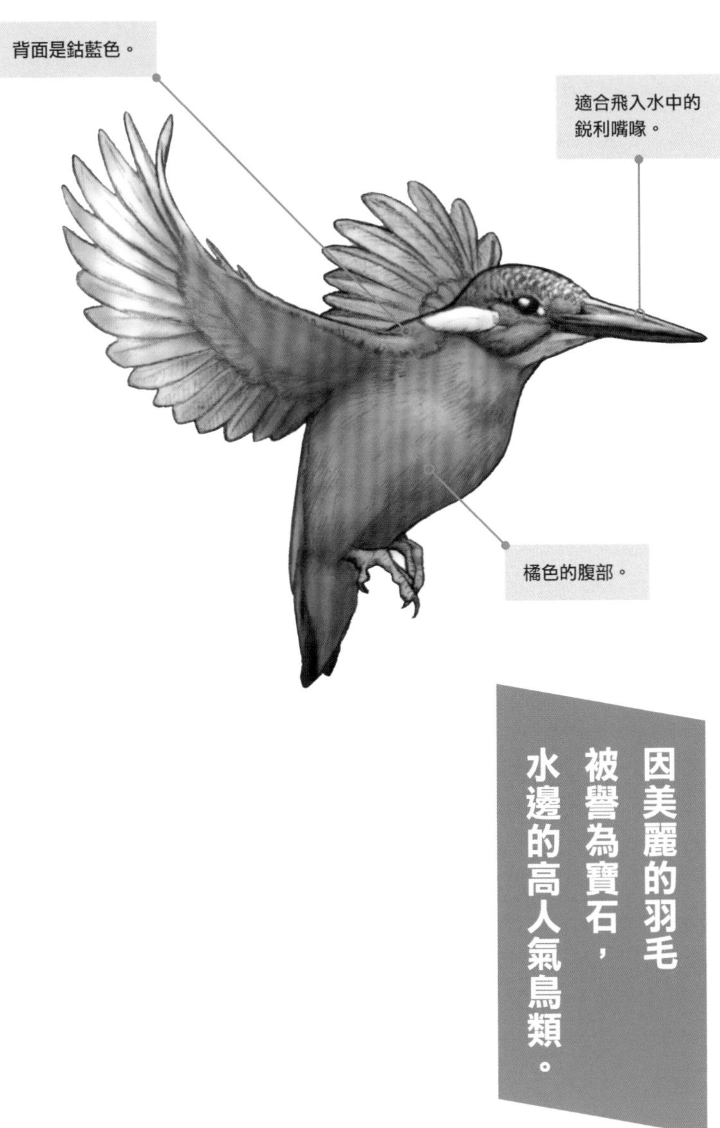
背面是鈷藍色。
適合飛入水中的
銳利嘴喙。
橘色的腹部。

因美麗的羽毛被譽為寶石，水邊的高人氣鳥類。

展翅寬：25 cm

column 5

恐龍時代的「老鼠們」

多丘齒目的頭骨
複雜的牙齒結構
拼命吃
討厭！竟然能那樣吃！

從種類和個體數的觀點來看現在的哺乳類的話，要說發展得最繁盛的，就是老鼠之類的「齧齒目」了。就像鼠算式增加（注：日本的傳統數學，是計算「若干時間裡，老鼠的數量會增加多少」）的說法一樣，老鼠的繁殖能力非常強，分布在南極以外的所有大陸。這個族群會潛入船內，侵入世界上幾乎所有的島，大幅影響了許多的生態系。

這些齧齒動物是在新生代的始新世登場的。而在同一時期，曾經有過一個急速衰退、滅絕的哺乳類族群，那就是被稱為「恐龍時代的齧齒目」的「多丘齒目」。多丘齒目和真獸類（胎盤類動物）、後獸類（有袋類動物）是不同的大型族群，這種哺乳類在真獸類與後獸類在地面上蔓延前，曾經繁盛一時。

若是根據化石的紀錄，真獸類是在大約 1 億 6000 萬年前的侏儸紀後期，而後獸類則是在大約 1 億 1000 萬年前的白堊紀中期左右出現。當時的地面上由恐龍統治，不過在恐龍腳下的世界中，和老鼠有著相似外表的多丘齒目組成了一大勢力。雖然總有一天，真獸類和齧齒類的競爭對手會出現，奪走牠們的生態地位，不過在那天來臨之前，牠們以北美、歐洲為中心，廣泛地分布在世界各地。而這個種類繁盛的祕密，就在於牠們擁有當時的真獸類和後獸類所沒有的複雜牙齒。多丘齒目的下頷有著向前伸長的門牙，臼齒就像是山丘一樣，有好幾列些許的突起，這就是「多丘齒」名稱的由來。而許多物種也有著扇形的銳利大型臼齒，適合吃種子或毬果等硬殼的植物。這種高機能性的複雜牙齒，使得牠們不用選擇食物，可以吃下任何東西，或許這就是讓牠們在生存競爭中，能夠一時和其他的哺乳類拉開差距的勝因吧。

靠著牙齒的形狀贏過其他動物，現在看不到的哺乳類族群。

來比較看看吧！

企鵝的過去和現在

企鵝相當擅長游泳，雖然是鳥類卻不會飛。連生存在2500萬年前、屬於企鵝科的凱魯庫企鵝，一般也認為牠的體型很適合捕魚。

凱魯庫企鵝的第一個化石於1977年在紐西蘭的南島被發現，之後也發現了好幾個骨骼化石。以這些化石為基礎復原出的模樣，胸部狹

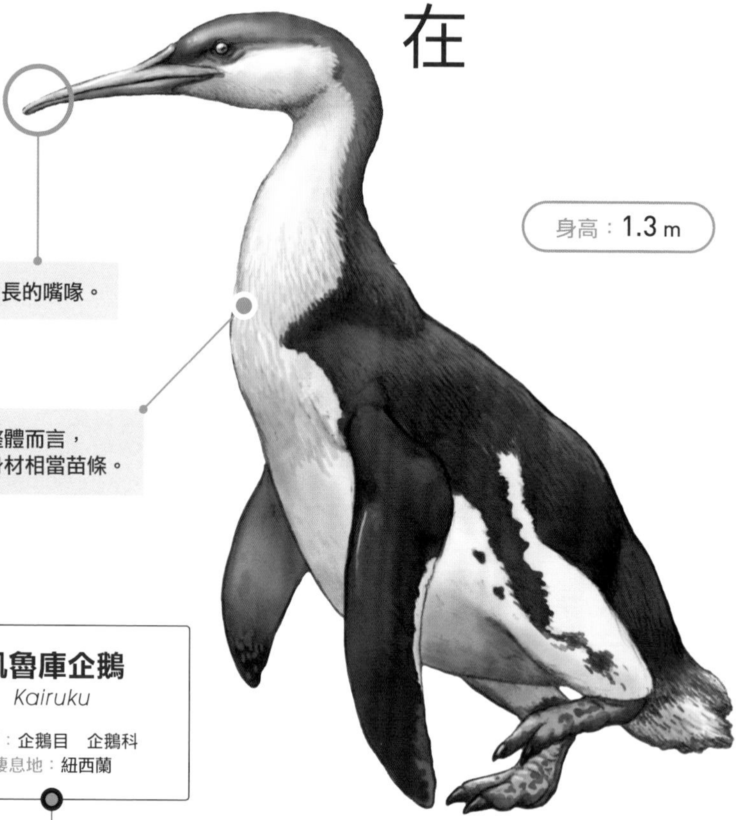

身高：1.3 m

細長的嘴喙。

整體而言，身材相當苗條。

凱魯庫企鵝
Kairuku
分類：企鵝目　企鵝科
棲息地：紐西蘭

生代　中生代

白堊紀　侏儸紀　三疊紀

窄、長長的翅膀前端尖細、嘴喙細長，和現在的企鵝相比整體而言身材較為苗條。

　現在的企鵝也會為了食物，如魚類或者是烏賊而潛入海中，不過國王企鵝能夠潛入水深100～300m（最高紀錄322m）的地方。牠們的雛鳥會待在被叫做「crèche」的團體育幼園中，由看顧牠們的2～3隻成年企鵝餵食，花費1年以上的時間細心照料。雛鳥的胃超過身體的一半，牠們會一直進食，成長到和成鳥一樣大。企鵝會在身體內保存脂肪，以在食物較少的冬天熬過寒冷和飢餓。

會成長到成年企鵝大小的雛鳥。
能潛水到水深 300m 的地方。

國王企鵝

Aptenodytes patagonicus

分類：企鵝目　企鵝科
棲息地：大西洋南部、印度洋南部的島嶼

身高：90 m

現代　古近紀 漸新世

第四紀　新近紀

鴿子的過去和現在

在車站和公園等地經常看見的鴿子叫做野鴿，野鴿原本是生存在歐亞大陸或北非乾燥地區的鳥，由於相當親人，因此長期被飼養以當作食物或寵物。由於鴿子有優異的歸巢本能，所以也經常用來當作通訊的方法，如眾所周知的傳信鴿。鴿子自古以來就和人類息息相關，

翅膀已經退化，
無法飛翔。

全長：1 m

度度鳥
Raphus cucullatus
分類：鴿形目　度度鳥亞科
棲息地：模里西斯島

生代　中生代
白堊紀　侏儸紀　三疊紀

即使重新回到野外的現在也依然在都市繁殖，和人們過著密切的生活。

不過，過去也曾有過鴿子的同類被人類逼到滅絕。其中一說，是由於「度——度——」的叫聲而直接當作其名的度度鳥，於大航海時代開幕的1507年，在印度洋上的模里西斯島被葡萄牙人發現。牠在沒有天敵的小島上，翅膀退化，邊搖搖晃晃地走路，邊過著悠哉的日子。但由於食用等目的被濫捕，再加上人類所帶進來的狗或老鼠，吃掉、破壞了牠的蛋等因素，發現過後不到180年就滅絕了。

有優秀的歸巢本能。

全長：30 cm

野鴿

Columba livia

分類：鴿形目　鳩鴿科
棲息地：亞洲、歐洲、北非

現代

第四紀（1681 年滅絕）

第四紀　新近紀　古近紀

烏龜同類的歷史

在三疊紀時突然出現的烏龜，關於牠的起源，在很長的一段時間內都被謎團所包覆。世人一直到近幾年都將生存在2億1000萬年前的原顎龜當作「最古老的烏龜」，雖然原顎龜擁有一部分的原始特徵，但牠的模樣和現在的烏龜幾乎一模一樣。不過2008年時，在比原顎龜還早1000萬年的中國古老地層中發現了只有腹部有甲殼的半甲齒龜化石，後來更在2018年，同樣在中國更加古老

的地層中發現了沒有甲殼的中國始喙龜的化石，有關烏龜起源的故事也大幅更新。

能夠把頭部和手腳縮到龜殼中的現代烏龜，出現於1億8000萬年前的侏儸紀中期，大致上可分為「隱頸龜亞目」以及「側頸龜亞目」。隱頸龜亞目之中有澤龜、陸龜、海龜等常見的烏龜同類，是脖子會直接縮回甲殼中的類型。在很久以前的海龜同類中，曾經存在過古巨龜這種海龜，牠是在大約1億1000萬年前出現的，這個物種的前鰭打開後總寬度可達5m，一般認為是史上最大的烏龜。這些海龜同類甲殼有縮小的傾向，就連和古巨龜等原蓋龜科屬於近親的現生種革龜，也是被有彈力的皮膚包覆住，沒有堅硬的龜殼。

側頸龜亞目現在只有在澳洲、南美、非洲靠近南半球的大陸上生存，是我們比較不熟悉的族群。這種類型的烏龜會將長脖子向側邊彎曲，將頭收在龜殼中。其中巨蛇頸龜的脖子特別長，而牠的同類中，也存在過全長超過古巨龜的地紋駭龜，這種巨大的烏龜生存在600萬~500萬年前的南美。據說最大的地紋駭龜龜殼長2.4m，脖子的長度甚至超過1m。

革龜
Dermochelys coriacea
Pickup ④ » P.148

地紋駭龜
Stupendemys geographicus

大鱷龜
Macroclemys temminckii

加拉巴哥象龜
Chelonoidis nigra
Pickup ⑤ » P.150

巨蛇頸龜
Chelodina longicollis

Eorhynchochelys sinensis

中國始喙龜

烏龜的同類 Pickup ①

分類：龜鱉目

棲息地：中國

中國始喙龜是從位於中國西南部的貴州省，大約2億2800萬年前的地層之中，發現幾乎全身齊全的骨骼化石。牠在龜類中算早期出現的物種，身上還沒有長出我們熟悉的龜殼。烏龜的殼是由背骨或肋骨等骨頭變化成板狀，表面被一種叫做「鱗板」的鱗片所覆蓋，構造獨特。雖然中國始喙龜沒有這種龜殼，不過牠的肋骨既寬又平坦，身體已經變成圓盤狀，從這個體型可以看出，牠作為龜殼原型的骨骼已經做好了準備。

另外一說到烏龜，我們都知道牠們沒有牙齒，取而代之的是像鳥一樣發達的嘴喙。不過早期的烏龜中國始喙龜嘴巴內還有牙齒，除此之外也有和現在的烏龜同樣發達的嘴喙。

一般認為烏龜的祖先，是在大約2億5000萬年前從其他的爬蟲類中分支出來，開始獨自進化。不過在那之後出現的沒有甲殼、或是甲殼不完全的早期烏龜之中，例如較有名的羅氏祖龜（*Pappochelys*）或半甲齒龜（第144頁）等，每一種都沒有嘴喙。由於中國始喙龜是早期烏龜中所找到第一個擁有「發達嘴喙」的物種，因此才取了「有嘴喙的最古老烏龜」含義的名字。

生存年代：

三疊紀後期

現代 新生代 中生代 古生代

比起防禦更重視食物？擁有發達的嘴喙，沒有龜殼的最古老烏龜。

圓盤狀的身體上還沒有龜殼。
在早期的烏龜中
第一次發現
發達的嘴喙。

全長：2.5 m

Odontochelys semitestacea

半甲齒龜

分類：龜鱉目　齒龜科（Odontochelyidae）

棲息地：中國

半甲齒龜是曾經生存在2億2000萬年前，已經長有龜殼的早期烏龜。烏龜的殼是從肋骨之類的骨頭變化成板狀，之後合而為一，讓骨板之間沒有空隙。不過半甲齒龜的背甲（背部的龜殼）上，變成板狀的骨頭和骨頭間還有空隙，進化並不完整。另一方面，在牠的腹部已經可以看到確實成形的腹甲。若是觀察不太需要保護腹部的陸生動物，例如犰狳（第111頁）等，就會發現只有背部的甲殼發達。這麼一想，半甲齒龜腹部的甲殼，或許是在水中游泳時用來防禦來自下方的敵襲。學者也在過去曾是大海的地層中發現了牠的化石，因此水生的說法已經被大眾所接受。不過，和海龜、鱉等現在的水生烏龜所擁有的特徵比較過後，也有一些讓人感到疑惑的部分。譬如，水生的烏龜會讓手腳進化成鰭，或者是為了讓趾頭間的蹼更加發達，趾骨會有變長的傾向。除此之外，由於水生烏龜有將食物和大量的水一起吸入的習慣，這時為了打開喉嚨所用的肌肉，會由叫做舌骨的骨頭支撐，因此水生的烏龜舌骨通常都會變大。不過在半甲齒龜的身上並沒有這些特徵，因此也有人指出牠可能是陸生動物。

生存年代：

三疊紀後期

現代　新生代　中生代　古生代

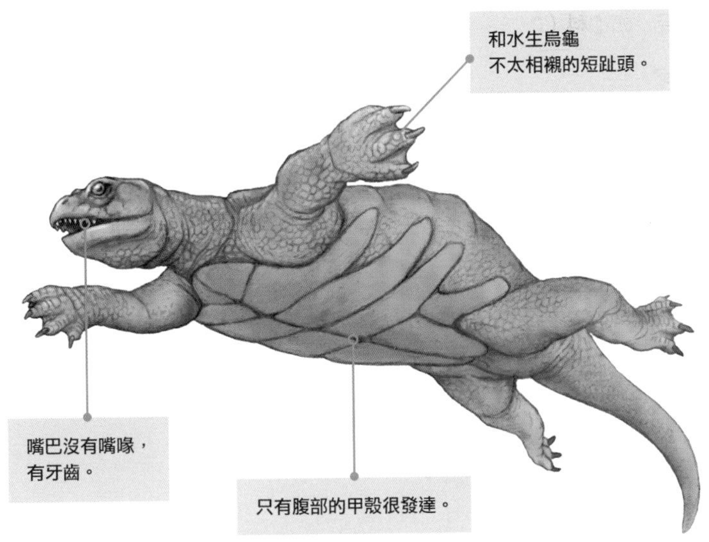

和水生烏龜
不太相襯的短趾頭。
嘴巴沒有嘴喙，
有牙齒。
只有腹部的甲殼很發達。

比起背部更優先保護腹部，是因為在大海裡游泳？

全長：40 cm

Archelon ischyros

古巨龜

分類：龜鱉目　原蓋龜科（Protostegidae）

棲息地：北美

古巨龜是曾經生存在7500萬年前的巨大海龜。牠的全長有4m，甲殼也有2.2m長，當牠展開前鰭後，兩鰭間的直徑可達將近5m。綜觀所有年代，可說是烏龜同類中最大型的物種。光是頭部也有80cm，尖銳的嘴喙就像老鷹或大鵰等猛禽類一樣銳利。據說這種嘴喙再加上下頜強大的力量，能夠將菊石連殼咬碎。

不過，古巨龜雖然是海龜，其化石卻是在美國的南達科他州和科羅拉多州這類離大海相當遙遠的內陸地層中被人發現。

古巨龜生存的年代，海平面比現在還要高上許多，淹水形成的內海甚至將北美大陸分為東西兩半。這裡曾發現過大量極具存在感的各類海生生物化石，如滄龍類或蛇頸龍類等巨大海生爬蟲類，或是鯊魚和6m左右的巨大魚類等，而古巨龜也是其中之一。

另外，由於古巨龜的化石只在這個內海所形成的地層中發現，因此一般認為牠是這個地區的特有種。現在的海龜雖然廣泛分布在大海中，不過古巨龜並沒有那麼優秀的游泳能力，因此似乎沒有在遠洋洄游的習性。

生存年代：

白堊紀後期

現代　新生代　中生代　古生代

連菊石的外殼都能咬碎，史上最大也最強的海龜。

游泳能力並不強。
用尖銳的嘴喙和強大的下頜
咬碎菊石的外殼。
展開前鰭後
寬度甚至能達到 5m。

全長：4 m

Dermochelys coriacea

革龜

烏龜的同類

Pickup 4

分類：龜鱉目　革龜科

棲息地：太平洋、大西洋、印度洋、地中海

革龜是現存的烏龜中體型最大的，體重將近1噸。不過，革龜的特徵並不只有體型大而已，牠游泳的速度也非常快。

革龜的甲殼呈現平滑的紡錘狀，在背部有7條、腹部有5條叫做縱棱的條狀突起，從前到後分布，這樣就能降低水阻，快速地游泳。

另外，革龜主要廣泛分布在熱帶到溫帶的海域，是目前已知的海龜中移動距離最長的物種，其距離甚至可達數千公里。此外牠的潛水能力也極佳，能夠潛入水深1000m的地方。由於骨質的龜殼已經退化，身體就像橡膠一般有彈性，因此能夠承受深海的水壓。

革龜的主食是營養價值比較低的水母，為了補充必要的營養，牠會吃下大量的水母，一天甚至會吃下多達100kg的量。或許是為了大量的食物，牠才會擴大在海中的移動範圍。

全世界都有發現革龜科的化石，其歷史甚至有1億年以上，是個存活許久的巨大族群。不過現在革龜只剩下1種了，而這種革龜也因蛋被濫捕、延繩捕魚受到波及、誤食塑膠之類的漂流垃圾等種種原因，使得數量大幅減少，有滅絕的危機。

生存年代：

現代

現代　新生代　中生代　古生代

背部有 7 條、腹部有 5 條縱棱。
每天的進食量是
100kg 的水母。
沒有骨質的龜殼，
如橡膠般的身體能夠潛入深海。

游泳速度很快，潛水很深，
一天捕食100kg的水母。

龜殼長：1.8 m

Chelonoidis nigra

加拉巴哥象龜

分類：龜鱉目　陸龜科

棲息地：加拉巴哥群島

加拉巴哥象龜雖然算是棲息在南美大陸的南美象龜屬的其中一種，不過牠的棲息地是在南美大陸本土往西900km遠的加拉巴哥群島上。恐怕是載著南美象龜蛋的流木順著祕魯涼流，來到加拉巴哥群島後，而開始在那裡棲息的吧？一般認為，在那裡獨自完成進化的就是加拉巴哥象龜。

加拉巴哥象龜會成為陸龜中最大型的物種，一般認為是由於牠在天敵或是糧食競爭對手較少的「島嶼」這種特殊環境中生存之故。

另外，由好幾座小島組成的加拉巴哥群島，每座島上的植生狀況都不一樣。以草、葉子、仙人掌等植物為食的加拉巴哥象龜就像會配合狀況一般，在不同島上形成不同的龜殼。在長滿許多草的島上，大多數個體的龜殼是圓頂狀；而在仙人掌較高或灌木較多的島上，吃這些植物時，為了讓脖子容易向上抬，許多個體的龜殼前緣會逐漸上升。

過去曾滯留在加拉巴哥群島的達爾文，親眼見證到生物為了適應環境而改變外型，變得多樣化，據説這就是之後使他提倡「進化論」的重要靈感來源。

生存年代：

現代

現代　新生代　中生代　古生代

給予達爾文進化論靈感的「活生生的傳說」。

背甲沒有縱棱。
配合島嶼的植生
吃草或仙人掌。
如粗壯梁柱的腳
能支撐厚重的龜殼。

龜殼長：1.3 m

鱷魚同類的歷史

屬於變溫動物的鱷魚同類，現在只棲息在熱帶地區的水邊等特定的地區，因為牠們無法適應寒冷的氣候。不過，在比現在還溫暖許多的中生代，鱷魚廣泛分布在全世界各式各樣的地區，其樣貌也相當多樣化。

鱷魚的同類最早是出現在三疊紀的中期。在2億2800萬年前，相對早出現的喙頭鱷科的黃昏鱷，

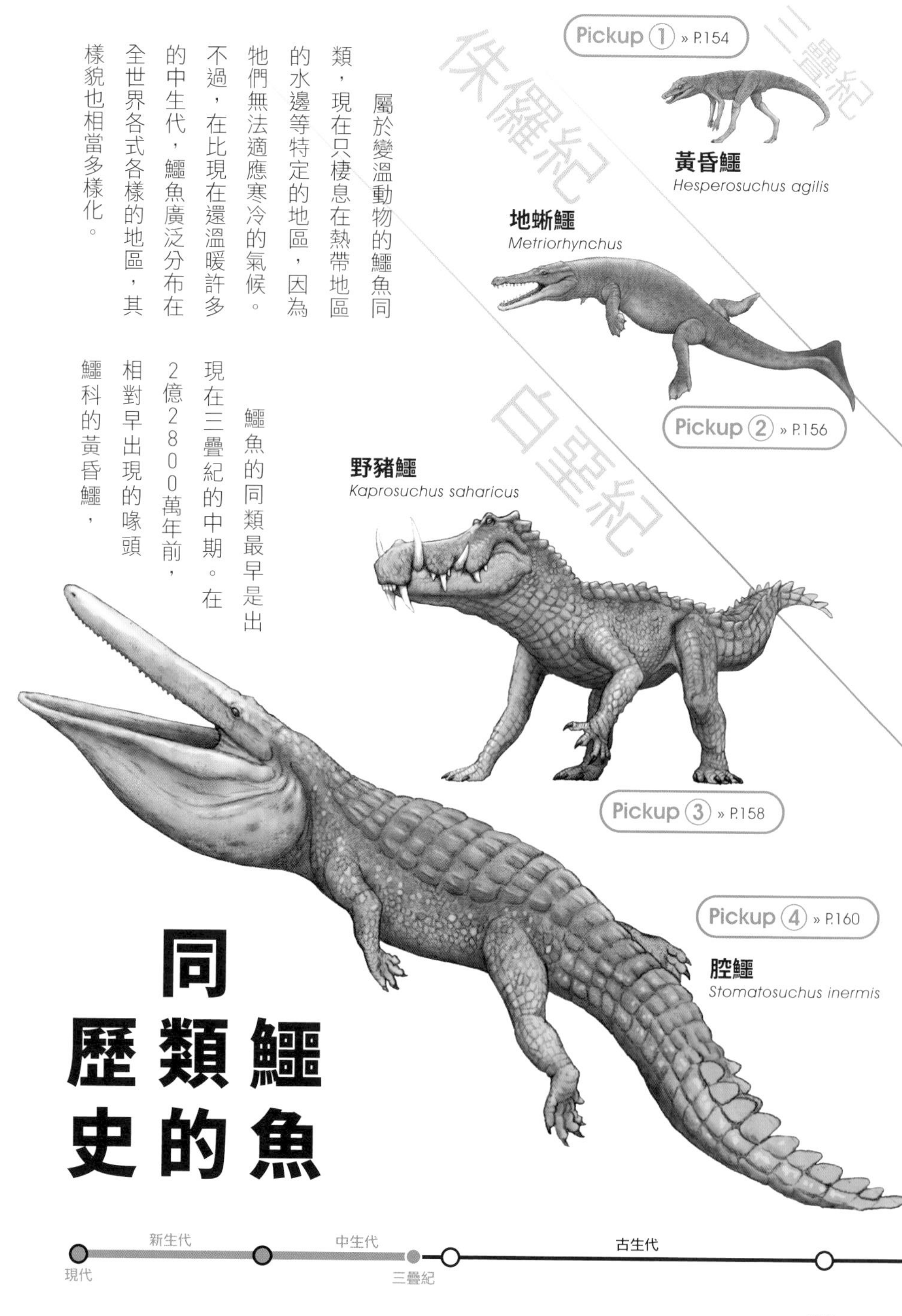

雖然有著鱷魚的頭部，後肢卻相當苗條，一般認為是用兩隻腳在地面上輕快奔跑的動物。有像這種適應了陸地環境的鱷魚，也有像侏儸紀時出現的地蜥鱷般，生活在海裡的鱷魚。這種鱷魚的尾巴上有鰭，腳趾的形狀就像划船時用到的「船槳」般。

說到鱷魚，一般都會聯想到在水邊埋伏等待獵物，將來喝水的動物捉住後拖入水中的兇暴肉食性動物，不過白堊紀時也曾有過草食性的鱷魚。臉長得像舞獅的獅鼻鱷，牙齒不像現在的鱷魚是銳利的圓錐狀，而是像草食性恐龍的牙齒般奇特的形狀。另外，外表獨特、酷似犰狳的犰狳鱷，似乎也是讓頜部水平移動，將植物磨碎後再吃下肚。而棲息在大型湖泊等地的腔獸，由於牙齒退化，一般認為牠會將小魚以及浮游生物連同水一起喝下，過濾後再食用。就像這樣，史前的鱷魚棲息在各式各樣的地區，也有著相當多種食性。

現在陸生鱷魚和海生鱷魚都已經滅絕了，不過淡水鱷魚的同類從中生代侏儸紀出現以來，便一直立於水邊生態系的頂點，是種很強大的動物。

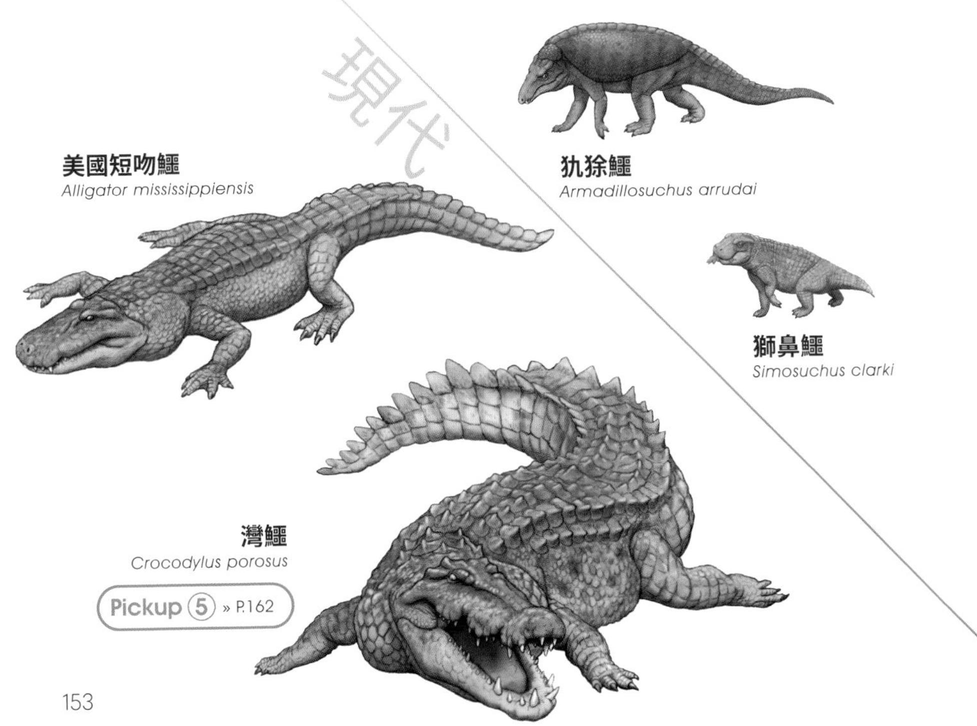

犰狳鱷
Armadillosuchus arrudai

獅鼻鱷
Simosuchus clarki

美國短吻鱷
Alligator mississippiensis

灣鱷
Crocodylus porosus

Pickup 5 » P.162

Hesperosuchus agilis

黃昏鱷

分類：鱷形超目

棲息地：美國

黃昏鱷屬於鱷形超目，和現在的鱷魚是同類，也是最早登場的一種鱷魚，生存在約2億2000萬年前。雖說黃昏鱷和現在的鱷魚有關，但兩者外表的差距非常大，整體而言黃昏鱷的身材苗條，有著可以用雙腳走路的細長後肢。牠的全長大約1m左右，體型較小，骨頭中空而且輕盈，從這種輕盈的身體結構來看，一般推測牠應該是擅長跑步的爬蟲類動物。

黃昏鱷和在水邊生活的現代鱷魚不同，似乎完全生活在陸地上。黃昏鱷生存的年代，是恐龍剛開始出現沒多久的時期，這時候的早期恐龍也和黃昏鱷一樣，以敏捷活動的種類居多。其中一種便是稱為虛形龍的恐龍，雖然牠比黃昏鱷還大，卻也有著相當輕盈的體型。實際上這種恐龍，以同類相食的習性而廣為人知。這個推測是由於發現了某個化石，讓人覺得牠可能吃了自己的小孩，不過在仔細調查化石過後，我們已經得知虛形龍吃下的生物並不是虛形龍的小孩，其真面目正是黃昏鱷這類早期的鱷魚，看來牠們似乎是這種恐龍的糧食。

生存年代：

三疊紀後期

現代　新生代　中生代　古生代

生活在恐龍時代，用2隻腳在陸地上奔跑的鱷魚祖先。

身體較小，
是恐龍的食物。

用苗條細長的後肢在陸地上奔跑。

全長：1 m

Metriorhynchus

地蜥鱷

分類：鱷形超目　地蜥鱷科

棲息地：歐洲

地蜥鱷曾經生存在大約1億6000萬年前，是少數來到大海的鱷魚同類。牠的四肢都變成鰭，尾巴末端也變成弦月狀的大尾鰭。另外，牠的身體為帶有弧度的流線形，背部並沒有其他鱷魚身上常見、用來保護身體的鱗板骨。雖然因此使得防禦能力降低，但也相對提高了柔軟度，讓牠能夠扭動柔軟的身體游泳。除此之外，地蜥鱷細長的吻部能夠減輕水中的阻力，使牠快速地捕捉獵物，一般認為牠就是靠著這個吻部來捕食菊石或大型魚類維生。地蜥鱷幾乎都在水中活動，不過現在，由於在鱷魚的同類中還沒有發現能夠直接在水中生產的胎生種，因此地蜥鱷產卵時，大概就和海龜一樣會來到陸地上進行。鱷魚的同類最一開始都和黃昏鱷（第154頁）一樣，是腳會朝向身體下方直立步行的類型。也就是說，是種會在陸地上輕快地走路、內陸性傾向較強的爬蟲類。不過，在海生的地蜥鱷出現的時期，角鱗鱷類（*Goniopholis*）這種和現在的鱷魚一樣，在水邊爬行過著水陸兩棲生活的物種也登場了。這個時期鱷魚的同類也變得更多樣化，廣泛生存在海中、水邊等各式各樣的環境中。

生存年代：

侏儸紀中期

現代　新生代　中生代　古生代

扭曲柔軟的身體在海中游泳，鱷魚界數一數二的珍奇物種。

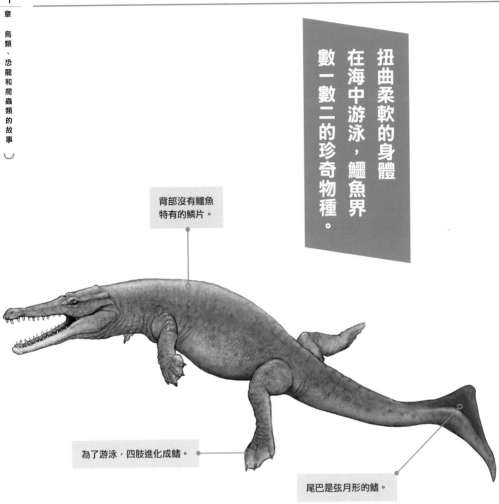

背部沒有鱷魚特有的鱗片。

為了游泳，四肢進化成鰭。

尾巴是弦月形的鰭。

全長：3 m

Kaprosuchus saharicus

野豬鱷

分類：鱷形超目　馬任加鱷科

棲息地：非洲

野豬鱷是在非洲尼日共和國約9500萬年前的白堊紀中期地層中出土，當時只發現了頭骨。長約50㎝的頭骨中，上頜有3對、下頜有2對突出的犬齒狀獠牙，由於臉型很像野豬，因此加上有野豬意思的「Boar」，取了「BoarCroc」的綽號來稱呼牠。

一般都認為其粗大的牙齒，是用來貫穿大型動物厚實的皮膚，因此牠似乎是強大的掠食者，或許連恐龍也是牠的獵物之一。

另外，野豬鱷和其他的鱷魚不同，牠的眼窩略為朝向前方。也就是說牠和肉食性動物同樣有著朝向前方的眼睛，也有人認為牠已經具有容易掌握和獵物間距離的立體視覺。

在發現野豬鱷的地層之中，另外還發現了好幾種極具特色的鱷魚化石，有叫做「薄煎餅鱷」這種有著扁平寬廣吻部的鱷魚，以及吻部就像鴨子嘴喙的形狀，叫做「鴨鱷」的鱷魚等。

侏儸紀時已經出現完全適應水中生活的地蜥鱷（第156頁），而進入白堊紀之後，多樣性又更加提升，出現了如獅鼻鱷等等的草食性鱷魚，以及有著類似犰狳甲殼的犰狳鱷等物種。

生存年代：

白堊紀後期

現代　新生代　中生代　古生代

用野豬般的獠牙及獵人的眼神，捕食大型獵物。

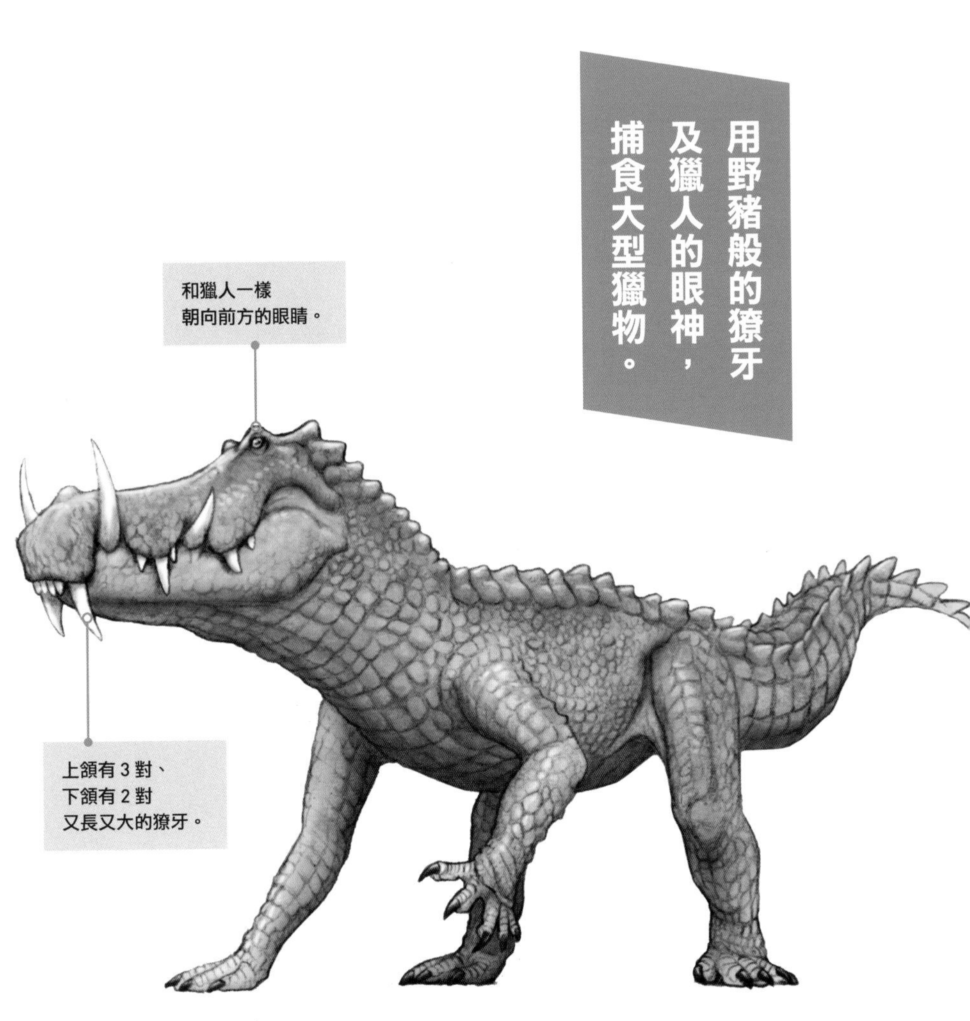
和獵人一樣
朝向前方的眼睛。
上頜有 3 對、
下頜有 2 對
又長又大的獠牙。

全長：6 m

Stomatosuchus inermis

腔鱷

分類：鱷形超目　腔鱷科

棲息地：非洲（埃及）

進入白堊紀之後，鱷魚的同類就配合環境逐漸進化成各種類型。其中有一種水生鱷魚進化得非常奇特，那就是腔鱷。

對咬合力很強的鱷魚而言，顎部排列的牙齒也是強大的武器，不過腔鱷的牙齒幾乎都退化了。剩下的只有上頜細小的圓錐狀牙齒，而下頜已經完全沒有牙齒了。和現在的鱷魚相比，不得不說這種特徵非常奇特。

其中的一個說法是，腔鱷是鱷魚的同類中唯一以浮游生物為食的物種。一般認為，牠沒有牙齒的下頜上有著過濾浮游生物的鬍鬚，會用鵜鶘般大型的咽喉袋，將鹽湖中繁殖的糠蝦類（小型的甲殼類）或小魚連水一起吸入後食用，食性就和鬚鯨類似。

不過，腔鱷的化石實體現在已經不存在了。唯一的化石是當初在埃及發現，形狀如滑雪板般既長又扁平的頭骨，這個頭骨原本由德國的慕尼黑博物館收藏，但遺憾的是，在第二次世界大戰的1944年，這個化石由於遭到和德國打仗的盟軍轟炸而被摧毀。因此腔鱷變成了謎團重重的古代鱷魚。

生存年代：

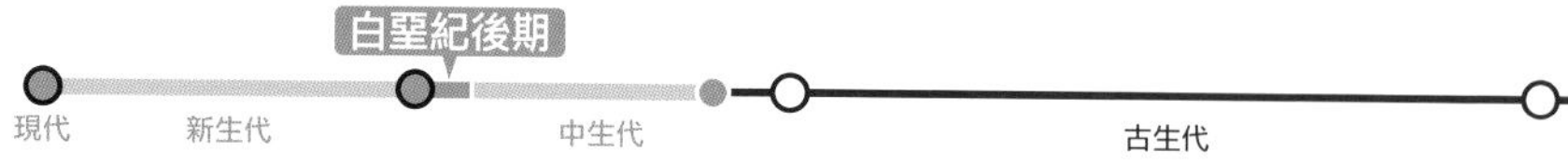

史上唯一以浮游生物為食？住在湖泊，沒有牙齒的鱷魚。

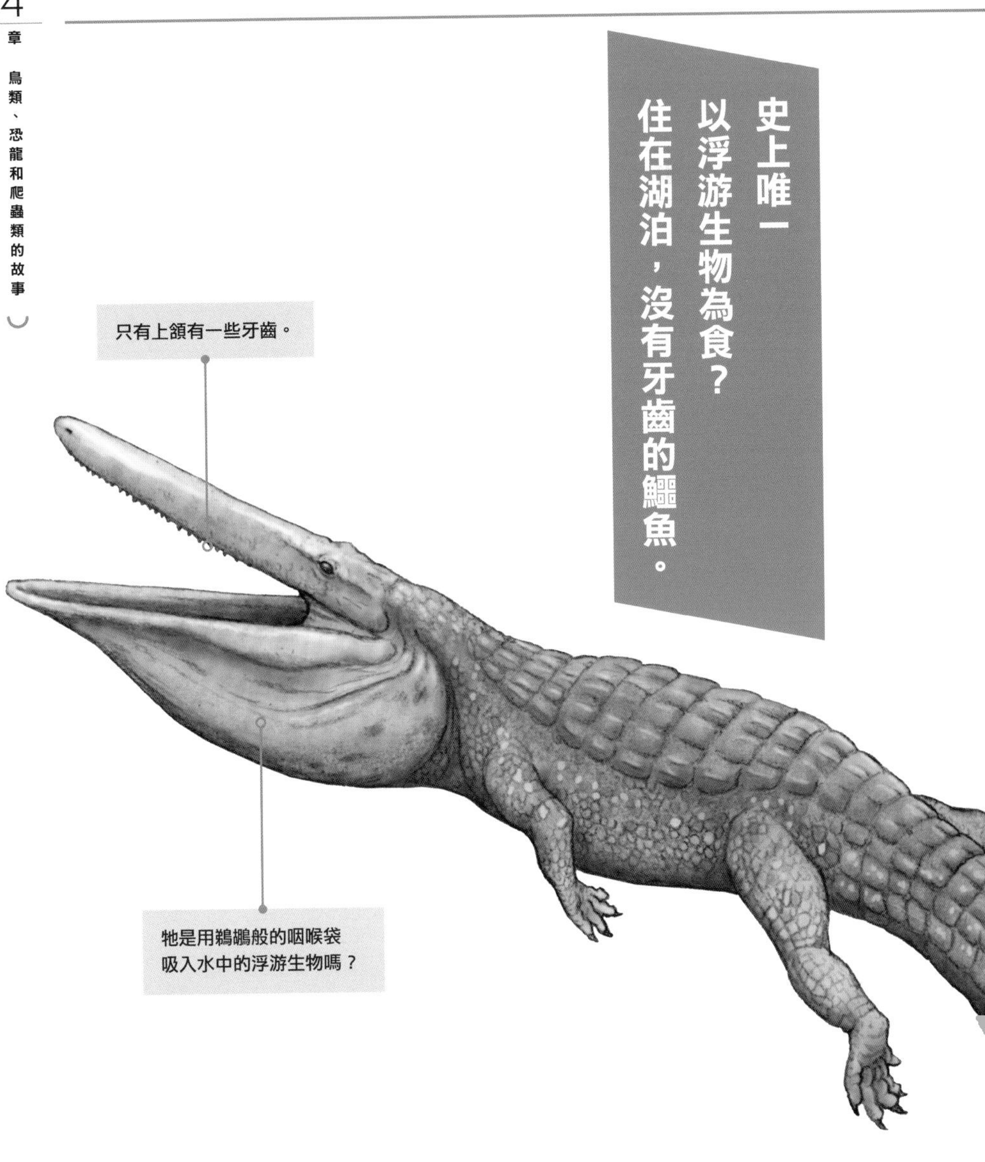
只有上頜有一些牙齒。
牠是用鵜鶘般的咽喉袋
吸入水中的浮游生物嗎？

全長：10 m

Crocodylus porosus

灣鱷

分類：鱷目　鱷科

棲息地：東南亞、印尼、澳洲北部

灣鱷又被人稱為「入江鱷」。從名字可以得知，牠主要棲息在紅樹林茂密的河口、三角洲等海水和淡水混合的半海水水域。由於灣鱷對海水的耐性較強，因此可以乘著海流遠渡到東南亞或印尼等島嶼上，目前透過大海廣泛分布在印度東南部至澳洲北部一帶。另外有紀錄顯示，灣鱷也曾經游到日本的西表島、八丈島以及奄美大島上。

大型的灣鱷個體全長有6m，體重也有1噸，在現在的鱷魚或爬蟲類中體型是最大的。另外，牠不只有體型龐大而已，其咬合力在所有動物中也是最強的，因此廣為人知，據說連性格在鱷魚中也是最為兇猛的。

灣鱷有時會襲擊人類，以食人鱷來說是相當讓人恐懼的存在。這樣的灣鱷，在爬蟲類之中卻有著少見的父母心。在9～10月的繁殖期雨季，灣鱷會堆起樹枝、枯葉、泥土等，製作山丘狀的巢穴，在那裡產下40～60顆蛋。母灣鱷在這些蛋孵化之前會寸步不離地守著，之後也會將孵出來的孩子們從巢穴裡挖出來，用嘴叼著送到水邊，照顧到孩子們會游泳為止。

生存年代：

現代

現代　新生代　中生代　古生代

兇猛的食人鱷
意外地有著父母心。

對海水的耐性較強，
透過大海廣泛分布。
母鱷會積極地照顧
蛋和幼鱷。
在所有動物中
咬合力最強。

全長：6 m

巨大蜥蜴的過去和現在

滄龍是在和恐龍同一時代的海洋中，以最強的掠食者身份君臨天下的大型爬蟲類。牠和科摩多巨蜥等雖屬近親，但身體就像蛇一樣細長，腳呈鰭狀，和鯨魚一樣骨盆縮小，從這幾點來看，一般認為牠是在大海度過一生。過去曾經挖掘過好幾個讓人覺得留有牙印的菊石化

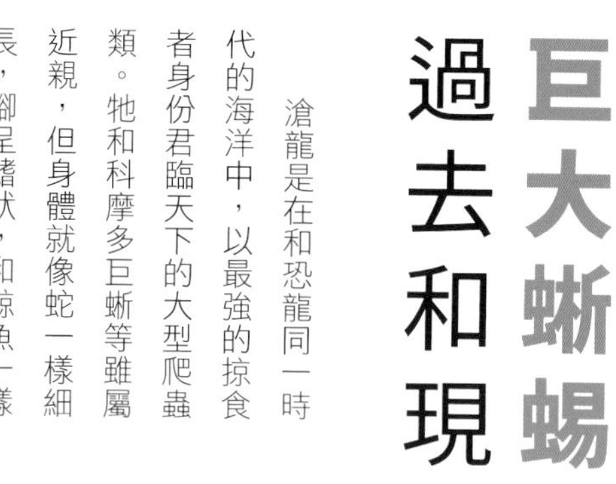

滄龍
Mosasaurus
分類：有鱗目　蜥蜴亞目　滄龍科
棲息地：大海

石，因此一般推測滄龍會吃菊石，不過在成長後全長達18m的牠們，似乎也會襲擊海龜等海生的爬蟲類。

另一方面，科摩多巨蜥和滄龍相比之下雖然體型較小，但已經是現存的蜥蜴類中最大的了。牠會將野豬、鹿等大型哺乳類動物當作獵物，也會襲擊較小的同類。

過去認為牠們會讓口中的腐生菌繁殖，在被咬到的獵物因敗血症衰弱時進行獵捕，不過這項推論已經被推翻。也有研究報告指出，牠們會從齒間的好幾個毒管中注入毒液，讓獵物衰弱。另外，也有單性生殖的案例報告。

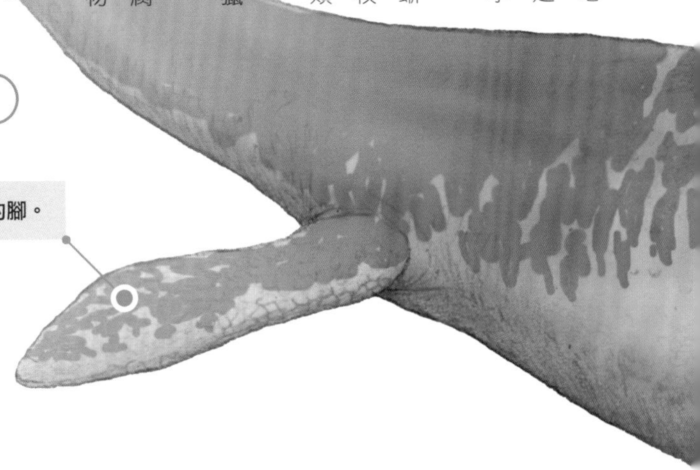

全長：12～18 m

鰭狀的腳。

現存最大的蜥蜴。

科摩多巨蜥

Varanus komodoensis

分類：有鱗目　蜥蜴亞目　巨蜥科
棲息地：印度尼西亞的科摩多島、弗洛雷斯島等地

全長：2～3 m

現代

第四紀　新近紀　古近紀

蛇的同類的歷史

蜥蜴、鱷魚、烏龜等爬蟲類，都是在中生代三疊紀出現的。而從蜥蜴的同類中分支出來的蛇，其最古老的化石發現於中生代白堊紀的地層中，可說是歷史最短的爬蟲類。

一般認為蛇類的祖先，就是蜥蜴軀體變長後的「伸龍科」的同類。一直到幾年之前，大家都以為蛇類的起源是在9900萬年前的歐

洲的淺灘，不過後來從日本1億3000萬年前的地層中，發現了名為加賀水妖的伸龍科化石，同時也得知牠並非生存在大海而是河川，因此將起源的舞台進行了大幅的修正。只不過無論是哪邊，一般都認為蛇的起源是來到水中的部分蜥蜴同類，因水阻而讓礙事的腳退化，進化成方便游泳的身體。

最早讓身體變長、腳退化，也就是變成「蛇」的模樣的物種，是9500萬年前棲息在淺海中的厚蛇。牠的前肢已經完全退化，後肢也只留下細小的腳。另外，上古時代也存在過一種全長達13m的巨蛇，6000萬年前曾經棲息在南美的泰坦巨蟒，據說光是身體的寬度就有1m。由於蛇是在成長過程中很容易受到外在氣溫影響的變溫動物，因此在比現在氣溫高上許多的這個時代，成長得非常巨大。

現在的蛇，會活用那細長的身體，生存在草原、森林、沙漠、大海、河川、地底等各式各樣的地方。據說有毒的爬蟲類中99%以上都是蛇，有毒已經成了這個物種的標準配備，是很稀有的爬蟲類生物。另外，包括會吃所有的動物、進食的方式是把獵物整個吞下等等，蛇完成了非常獨特的進化。

馬達加斯加葉吻蛇
Langaha madagascariensis

天堂金花蛇
Chrysopelea paradisi

眼鏡王蛇
Ophiophagus hannah

蝮蛇
Gloydius blomhoffii

要在水中生活，還是在陸地生活？

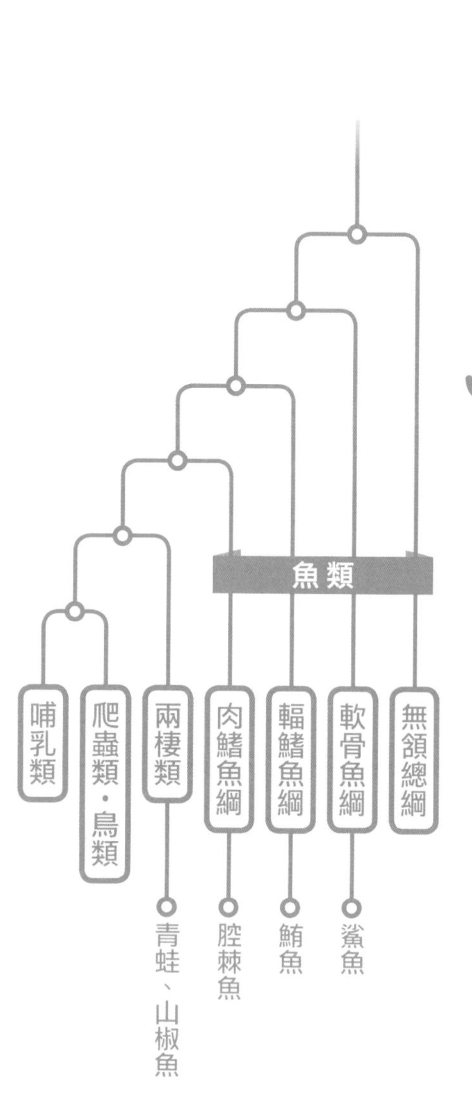

現在，脊椎動物分成了魚類、兩棲類、爬蟲類、鳥類、哺乳類這5個族群。若是試著再往下細分的話，魚類有3萬1000種，兩棲類有7000種，爬蟲類有8700種，鳥類有1萬種，哺乳類有5500種。把這些物種相加後，脊椎動物大概有6萬2000種，而5個族群中種類最多的魚類，則佔了半數以上。生命從大海中誕生，其中一部分來到陸地上，輻射適應成各式各樣的形態——這是一般人所認為的生命進化過程。若是只考慮現在的物種數，在「要在水中生活，還是在陸地生活」的選擇上，脊椎動物剛好分為一半。然而，很久很久以前，魚類的物種數所佔的比例更多，更進一步來說，在古生代泥盆紀的中期，大約3億7000萬年前第一個登上陸地的物種出現以前，這個比例是100%。一般將這個時代有手腳的脊椎動物特別稱為「四足動物」，四足動物和第1章到第4章談到的爬蟲類、哺乳類等息息相關，可是在當時，四足動物只是一小部分的生物，就像魚類中的怪異份子一樣。不過陸地這個全新的舞台也有著多樣的環境，生物在那裡花費漫長的歲月去適應，各種四足動物開始逐漸登場。現在脊椎動物的5個族群已經個別並列，被當作獨立的族群看待。而在這個章節我們主要介紹的是在陸地和水中世界的狹縫中一路進化而來的魚類，以及變成最初的四足動物的兩棲類。

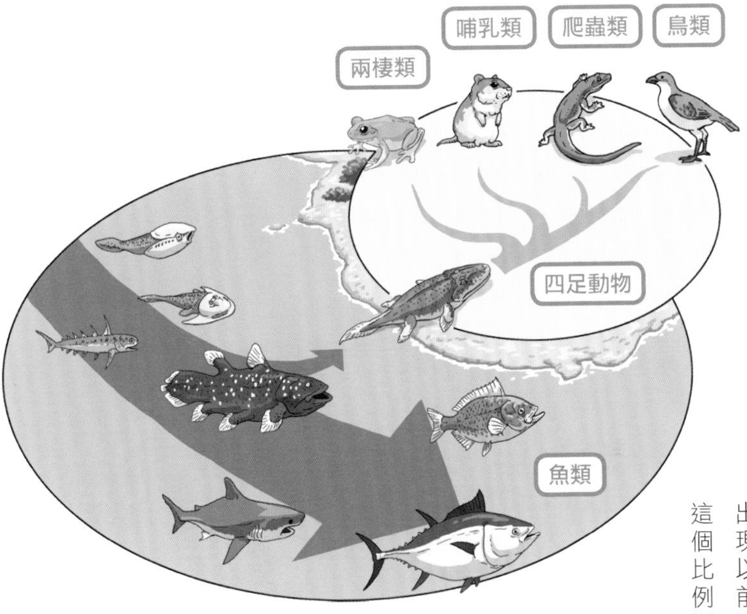

兩棲類的歷史

兩棲類是一部分的魚類將鰭變化成腳之類，所進化而成的族群，是脊椎動物中最初來到陸地上的生物。第一個登陸的是3億6700萬年前，生存於泥盆紀末期的魚石螈。牠有著強壯的肋骨，一般認為，由於陸地上沒有浮力，會受到重力的牽引，所以牠就用這種肋骨來保護內臟。另一方面，從牠的腳趾頭有7根，尾巴上有鰭等處都可以看出，牠的體型並不適合在陸地上行走。

魚石螈
Ichthyostega

Platyhystrix

Peltobatrachus pustulatus

巨型鋸齒螈
Prionosuchus plummeri

泥盆紀

石炭紀～二疊紀

新生代 中生代 古生代

現代 泥盆紀

應該還是相當依賴於水中生活，只是偶爾會來陸地上。

在3億5000萬年前的石炭紀早期，出現了更加適應在陸地上行走的兩棲類之後，獲得陸地這個全新生活場所的牠們，一口氣變得相當繁盛，並從此開始出現各式各樣的兩棲類。譬如背上長有帆的*Platyhystrix*（意思是flat porcupine，扁豪豬），或身體覆蓋著盔甲的*Peltobatrachus pustulatus*（意思是盾蛙）等等。雖然當時還沒有鱷魚，不過已經出現像鱷魚般體型巨大的兩棲類動物了。一般推測巨型鉅齒螈的全長長達9m。當時的兩棲類被稱為「迷齒亞綱」，特徵是牙齒表面的琺瑯質形成複雜的皺褶，牙齒的剖面看起來就好像迷宮一樣。相對於白堊紀時消失無蹤的迷齒亞綱，生存於現代的青蛙、山椒魚、蠑螈等則屬於名為「滑體亞綱」的族群。滑體亞綱出現於三疊紀時，即被視為青蛙祖先的原蟾所生存的年代。

現在已知的兩棲類共有7000多種，分別進化成了各式各樣的模樣，如有毒的生物或在空中滑行的生物等。這幾年也接連發現新的物種，其數量大概還會繼續增加。不過另一方面，有許多物種的個體數也在逐漸減少，面臨滅絕的危機。

三疊紀

現代

ZOOM

原蟾
Triadobatrachus massinoti

ZOOM

日本雨蛙
Hyla japonica

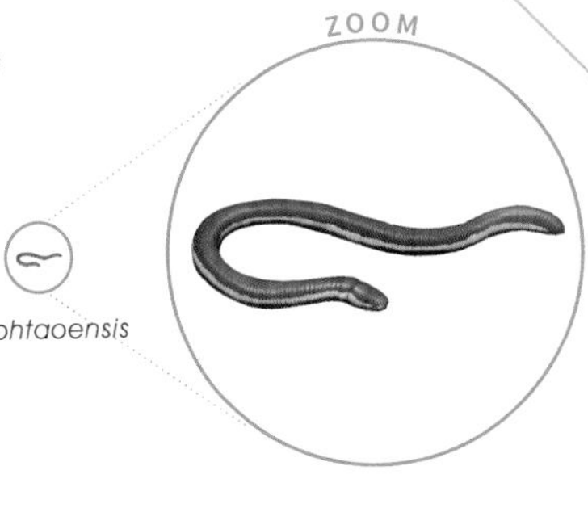

ZOOM

泰國蚓螈
Ichthyophis kohtaoensis

大山椒魚
Andrias japonicus

青蛙的過去和現在

原蟾是曾經生存在大約2億5000萬年前的兩棲類，擁有較原始的兩棲類特徵，其模樣和現在的青蛙也非常相近。這也可以說是早期兩棲類進化到一半時的模樣，從這點來看，一般認為牠就是青蛙的祖先。

原蟾的身體偏長，還留有現在青蛙所沒有的肋骨，

長有肋骨。

為了游泳而
變得發達的後肢。

全長：10 cm

原蟾
Triadobatrachus
分類：無尾目　Protobatrachidae科
棲息地：非洲
（在馬達加斯加發現化石）

新生代
三疊紀前期
中生代
白堊紀　侏儸紀　三疊紀

雖然後肢看似發達，卻沒有像青蛙一樣的跳躍能力，只會用在游泳上。會用後肢蹬水游泳的動物只有青蛙的同類，而這種最古老的青蛙，似乎已經確立了青蛙特有的游泳方式。

現在的青蛙，會用發達的後肢跳躍，鳴叫聲也相當有特色。雄蛙會在繁殖期用鳴叫聲吸引母蛙，或用來主張地盤。

不過雨蛙除了這些目的以外，只要快下雨時就會爬到樹上等較高的地方鳴叫，牠似乎能夠敏銳地感受到氣壓的變化。

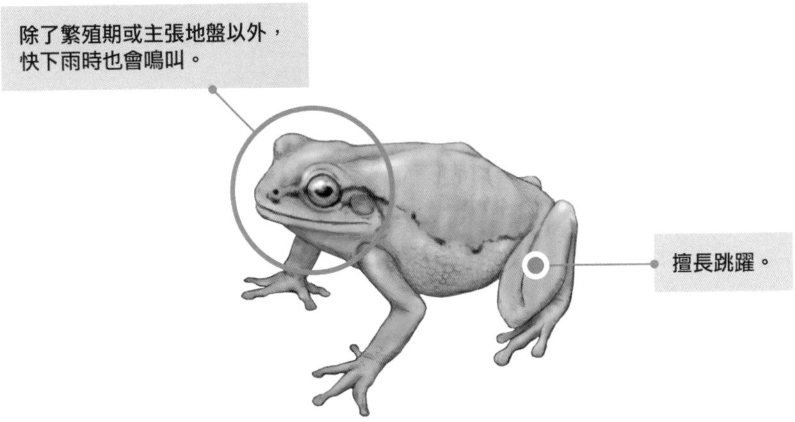

除了繁殖期或主張地盤以外，快下雨時也會鳴叫。

擅長跳躍。

全長：**2～4.5 cm**

日本雨蛙

Hyla japonica

分類：無尾目　雨蛙科

棲息地：日本、中國北部、俄羅斯東部

現代

第四紀　新近紀　古近紀

肉鰭魚綱的歷史

長有發展健全的腳，在陸地上生活的動物叫做「四足動物」。哺乳類（也有鯨魚之類的例外）、鳥類、爬蟲類、兩棲類都屬於這個族群，大家都是從魚類進化而來的。而銜接進化的橋梁就是「肉鰭魚綱」，這個分類包括腔棘魚以及用肺呼吸的肺魚等。大約在4億年前出現的肉鰭魚綱，擁有帶骨或肌肉的鰭，一般認為就是這種多肉厚實的鰭演化成了四足動物的腳。

而其中被稱為最早期肉

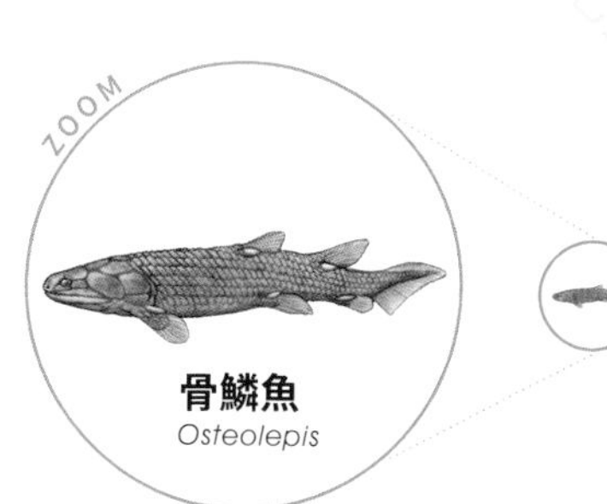

骨鱗魚 *Osteolepis*

潘氏魚 *Panderichthys*

Laccognathus embryi

提塔利克魚 *Tiktaalik roseae*

魚石螈 *Ichthyostega*

泥盆紀

白堊紀

新生代 中生代 古生代

現代 泥盆紀

鰭魚的，就是骨鱗魚了，牠的鰭是為了用來撥開水中密集的植物。在那之後出現的是3億8000萬年前的潘氏魚。潘氏魚有著又扁又寬的頭部，眼睛朝上，一般認為和兩棲類的臉型相似。接著在3億7500萬年前，最接近四足動物的提塔利克魚出現了。提塔利克魚已經有了脖子，鰭上有肘關節和腕關節。所有的肉鰭魚都生活在淺海或是淡水區域，而這類地方時常會因為漲退潮或是天氣乾燥而乾枯，這似乎就成為了牠們來到陸地上的契機。

就如同世人將現在的腔棘魚稱為「活化石」一般，牠們基本的身體構造和當時相比幾乎沒什麼改變，是相當稀奇的物種。過去曾認為肉鰭魚綱已經滅絕了，不過在1938年發現了活著的物種，後來也在1997年發現了牠的近親種，由此可知現在還生存著2個物種。直到古生代末期還在全世界的河川、湖泊、淺海中繁盛的肉鰭魚綱，現在就只剩下2種腔棘魚以及淡水區域的6種肺魚殘存下來。不過相當於牠們子孫的四足動物，後來變成了各種不同的模樣，現在牠們的基因也在全世界的生物中傳承著。

馬索尼亞魚
Mawsonia

現代

澳洲肺魚
Neoceratodus forsteri

矛尾魚
Latimeria

腔棘魚的過去和現在

馬索尼亞魚的化石在非洲以及南美共發現了5種。從摩洛哥的白堊紀前期的地層之中發現的馬索尼亞魚（*Mawsonia lavocati*），據說是腔棘魚同類中最大型的物種，全長達3．8m。現在也有許多全長超過2m的腔棘魚，或許會給人原本就是大型深海魚的印象，但早期

馬索尼亞魚
Mawsonia
分類：腔棘魚目　馬索尼亞科
棲息地：大海

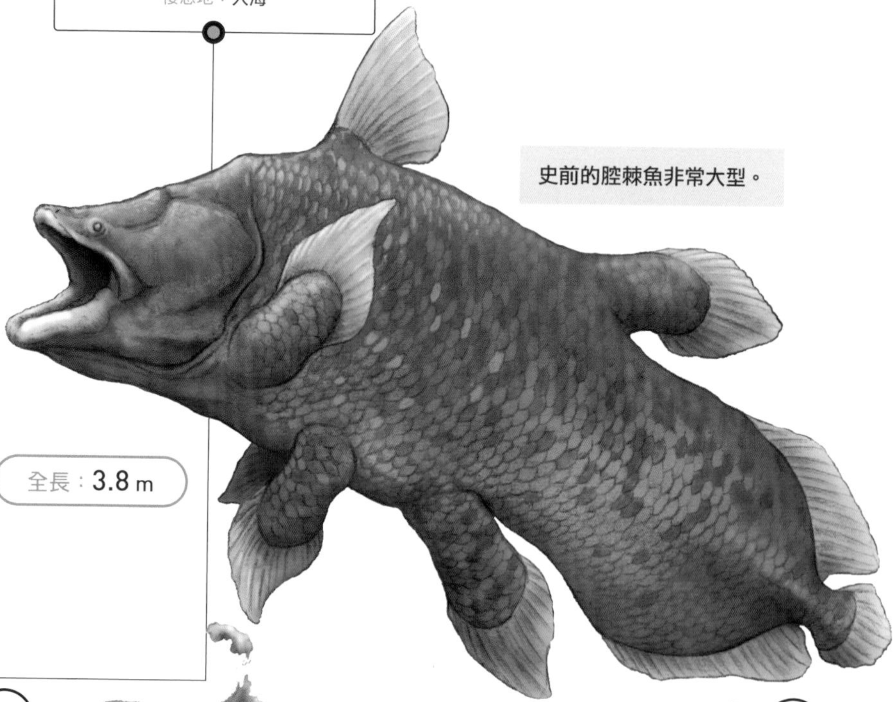

全長：3.8 m

史前的腔棘魚非常大型。

中生代
古生代
三疊紀　二疊紀　石炭紀　泥盆紀　志留紀·奧陶紀　寒武紀

的腔棘魚其實棲息在淡水或淺灘，是金魚和鯽魚大小的小魚。牠們來到大海後體型開始變大，才出現了馬索尼亞魚這類巨大的物種。

矛尾魚科是腔棘魚中唯一活下來的魚，棲息在水深150～700m的地方。過去我們只發現了腔棘魚的化石，並認為腔棘魚是在白堊紀末期已經滅絕的物種，但1938年時，在南非的海面上打撈到活著的個體，震驚了全世界。牠們能夠交互拍動厚實的鰭，往左右或後方移動，後來人們也觀測到牠倒立游泳在海底尋找獵物的樣子。

矛尾魚
Latimeria
分類：腔棘魚目　矛尾魚科
棲息地：深海
現　代
第四紀
新近紀
古近紀

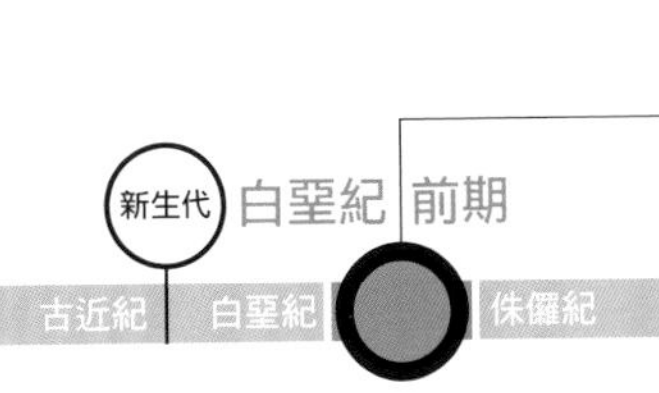

鯊魚同類的歷史

從挖掘出來的化石紀錄中，一般認為鯊魚的同類是在大約4億年前的泥盆紀前期出現，在脊椎動物當中擁有最長的歷史。其中最早期出現的鯊魚類之一，就是有名的裂口鯊。裂口鯊已經有了鯊魚基本的特徵，如流線形的身體和發達的鰭等，不過牠的牙齒磨損嚴重，似乎許多牙齒前端都會缺塊。現代鯊魚的牙齒一旦變舊，就會出現新的牙齒替換，因此一般認為裂口鯊尚未擁有這

泥盆紀

裂口鯊
Cladoselache

Pickup ① » P.180

石炭紀

砧形背鯊
Akmonistion

Pickup ② » P.182

二疊紀

旋齒鯊
Helicoprion

Pickup ③ » P.184

白堊紀

弓鮫
Hybodus

現代

皺鰓鯊
Chlamydoselachus anguineus

Pickup ④ » P.186

新生代　中生代　古生代

現代　泥盆紀

種機能。

3億年前的石炭紀，是鯊魚的同類最繁盛的時代，當時的魚類有70％都是鯊魚的同類，同時似乎也有許多種不同的外貌。其中長得特別奇特的就是砧形背鯊了。牠是在泥盆紀後期出現的小型鯊魚，背鰭上有著誇張的裝飾。此時也出現了許多擁有奇妙齒列的物種，生存在2億5000萬年前的旋齒鯊，就擁有捲成螺旋狀的獨特牙齒。一般認為，旋齒鯊即使從後方一一長出新的牙齒，前面的舊牙齒也不會脫落，最後才會捲成螺旋狀的模樣。

不過，曾經生存在古生代的這些樣貌獨特的鯊魚們，在進入中生代後幾乎都滅絕了。而其中存活下來的就是「弓鮫類」。牠們一直繁盛到中生代的白堊紀，可以說是現代鯊魚的祖先。

現在，還有許多種擁有不同特徵的鯊魚，在廣大的海洋中生活著，例如還殘留許多古生代鯊魚特徵的皺鰓鯊，以及身體如鯨魚般巨大並且以浮游生物為食的鯨鯊等等。

大白鯊
Carcharodon carcharias

鯨鯊
Rhincodon typus

Pickup 5 » P.188

日本異齒鮫
Heterodontus japonicus

Cladoselache

裂口鯊

分類：**板鰓亞綱　裂口鯊目**

棲息地：**美國**

裂口鯊是曾經生存在3億7000萬年前的早期的鯊魚，長久以來被當作最古老的鯊魚而廣為人知。

現在，從至今都分類不明的4億900萬年前的古代魚化石中，發現了類似鯊魚的特徵，因此認定這個化石是最古老的鯊魚。

鯊魚是軟骨魚類，「軟骨」意指這種魚的骨骼是由柔軟的骨頭形成。由於軟骨很難以化石形式殘留下來，因此我們並不清楚鯊魚到底是什麼時候出現的。但不管怎麼說，至少我們可以確定，鯊魚的同類至今在水域中存活了4億年以上，是相當長壽的族群。雖然鯊魚的化石難以留存下來，但在美國的俄亥俄州和賓州依舊挖出了狀況相對良好的裂口鯊化石，可說是得以了解早期鯊魚類的代表性存在。其模樣乍看之下和現在的鯊魚幾乎沒有兩樣，不過牠的嘴巴並非在頭部下方，而是位於前方，有著原始的特徵。另一方面，從流線形的身軀、發達的胸鰭與腹鰭、大型的尾鰭等和現代鯊魚共通的特徵，可以看出以當時泥盆紀的魚類來說，裂口鯊擁有相當卓越的游泳能力。鯊魚的同類或許就是因為繼承了早期獲得的這些特徵，而得以繁盛4億年之久。

生存年代：

（大約3億7000萬年前）**泥盆紀後期**

現代　新生代　中生代　古生代

從古生代的祖先身上繼承擅長游泳的DNA。

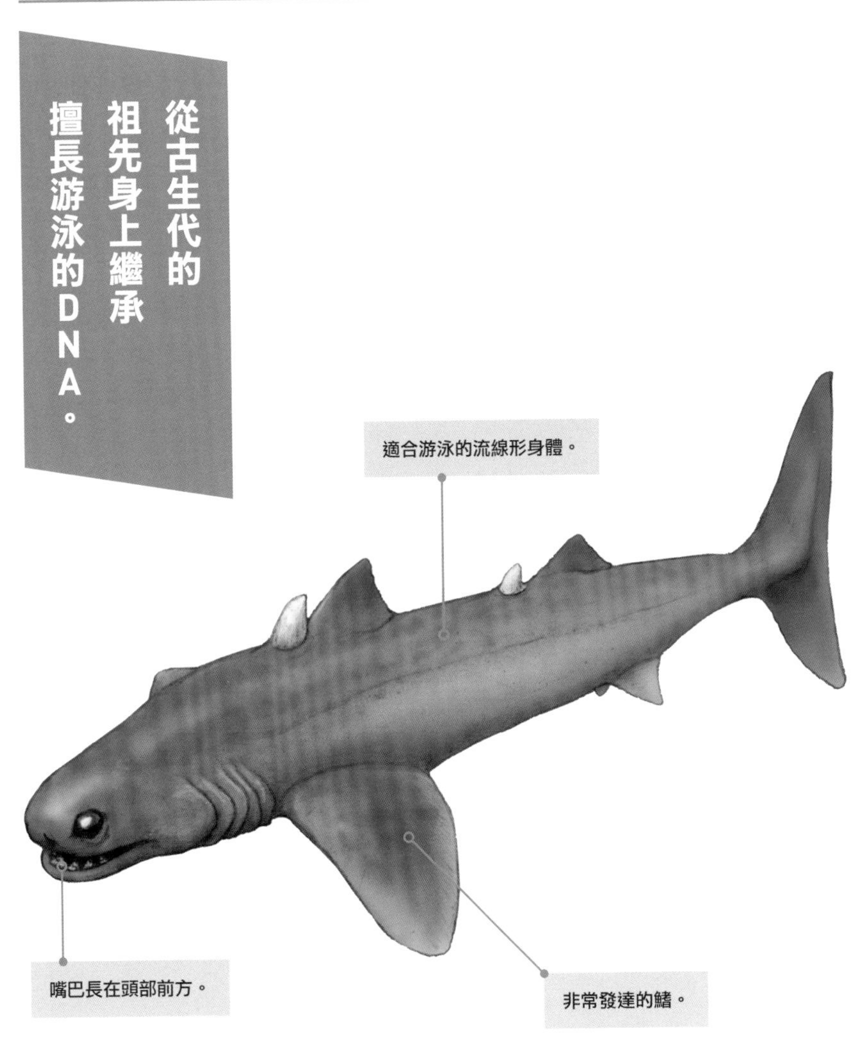

適合游泳的流線形身體。
嘴巴長在頭部前方。
非常發達的鰭。

全長：2 m

鯊魚的同類

Pickup 2

Akmonistion

砧形背鯊

分類：**板鰓亞綱　西莫利鯊目　胸脊鯊科**

棲息地：**北美、歐洲**

在泥盆紀時，裂口鯊（第180頁）等早期的鯊魚登場，可說是「揭開鯊魚時代的序幕」，接著進入下個時代石炭紀後，鯊魚家族變得相當繁盛，即使稱之為「鯊魚時代」也不為過。

這個時代出現了許多大放異彩、極富特色的鯊魚，特別是外觀變得相當多樣，而其中之一便是砧形背鯊。牠最引人注目的特徵，就是背部接近頭的地方，有著宛如底座般的構造。這個構造是由背鰭變化而來，而在這個變形的背鰭上，竟然橫向排列著許多宛如鋸子一般的牙齒。

其實鯊魚的牙齒，是軟骨魚類特有的鱗片「盾鱗」移動到口中後，變得特別發達而形成的。這種鱗片原本就和象牙質、琺瑯質等牙齒的構造非常類似，和其他魚的鱗片性質完全不同。

換句話說，鯊魚的身體上就像被細小的牙齒包覆著一樣。這種粗糙獨特的「鯊魚皮」的真面目，就是這種鱗片。砧形背鯊不僅是讓盾鱗移動到口中進化成牙齒，牠背鰭上的盾鱗也像牙齒一樣非常發達。有人認為，牠或許就是用這種背鰭上的牙齒切開魚之類的獵物群體，使對方變弱後再進行捕食。

生存年代：

石炭紀

現代　新生代　中生代　古生代

牙齒像鋸子般排列，
成為最強大的凶器。
背上有底座般的
構造。

背著長有牙齒的武器，鯊魚史上數一數二、相當有性格的物種。

全長：70 cm

鯊魚的同類 Pickup 3

Helicoprion

旋齒鯊

分類：全頭亞綱　尤金齒目　阿格賽茲鯊科

棲息地：俄羅斯、北美、澳洲、日本等地

在鯊魚的化石研究中，鯊魚本身難以留下化石是一個很大的難題。不過另一方面，人們經常找到比較容易變成化石的牙齒，牙齒和同樣已挖出了大量化石的三葉蟲、菊石並列為「化石中的三種神器」（注：此為日本說法）。而這種旋齒鯊，也是只發現了牙齒化石的物種。不過，由於牠的齒列實在是太過奇妙，因此變得相當有名。世界各地都有發現過這個化石，在日本的宮城縣氣仙沼市也曾出土過。由於只有挖出呈三重或四重漩渦狀排列的獨特齒列，因此別說是整體的模樣，連這個齒列到底位於頜部的哪個位置也都尚不明確。在復原圖中，旋齒鯊被描繪成各式各樣的模樣，或許是在上頜或下頜的前端向外長著漩渦狀的齒列，或許是像砧形背鯊（第182頁）一樣齒列長在背鰭上。不過，2013年時學者對美國愛達華州自然史博物館所收藏的旋齒鯊標本進行CT掃描，發現岩石中還留有上下頜的骨頭，從這個骨頭中確定，旋齒鯊的上頜並沒有牙齒，而漩渦狀的齒列位於下頜。另外，從上頜的構造我們也得知旋齒鯊並不是鯊魚，而是銀鮫的同類。只不過這個齒列到底是用在什麼地方，答案還尚未知曉。

生存年代：

讓逐漸長出來的牙齒以漩渦狀繼續長下去的奇特鯊魚。

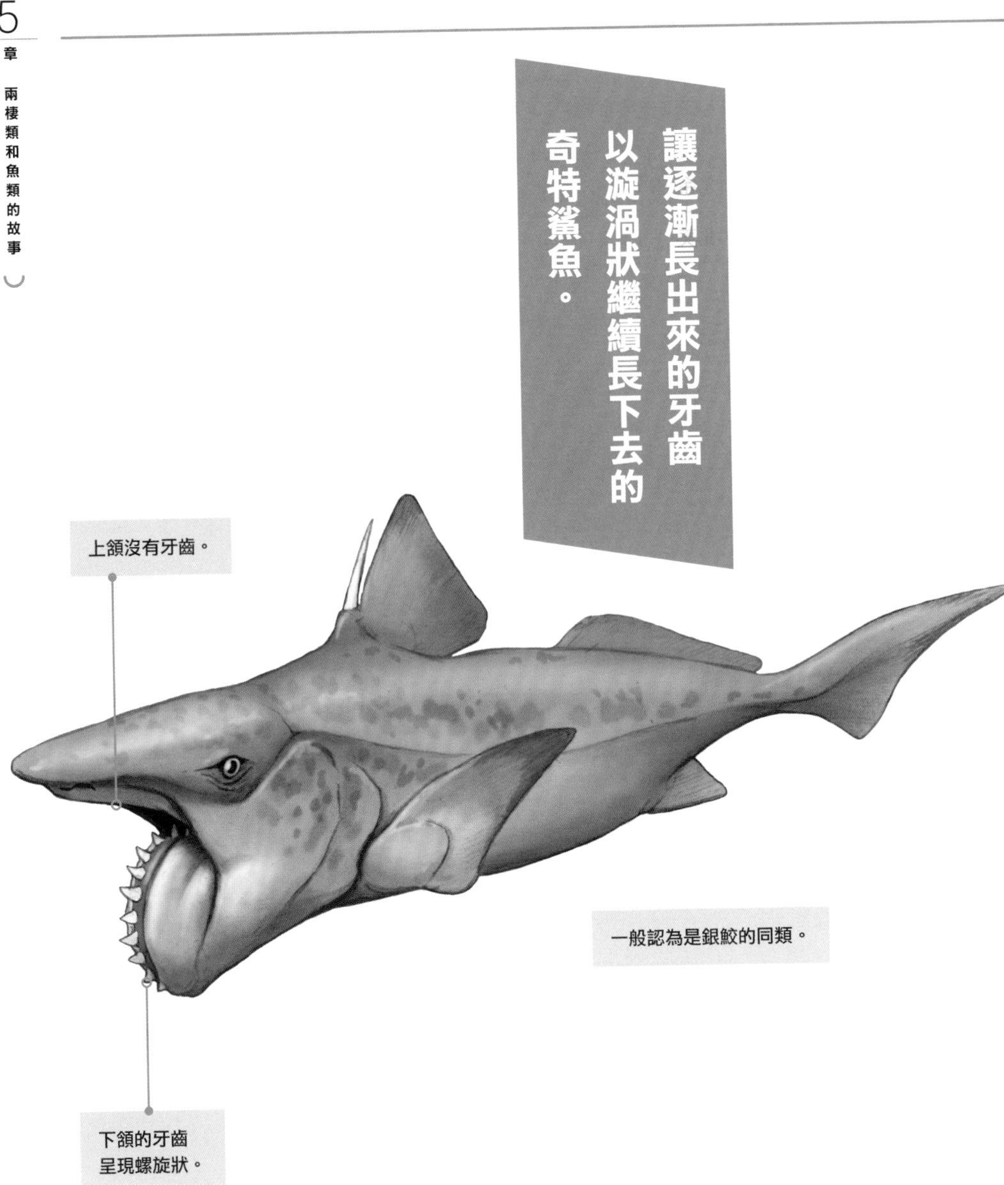
上頜沒有牙齒。
一般認為是銀鮫的同類。
下頜的牙齒
呈現螺旋狀。

全長：3 m

Chlamydoselachus anguineus

皺鰓鯊

分類：板鰓亞綱　六鰓鯊目　皺鰓鯊科

棲息地：太平洋、大西洋水深500～1000m的深海

皺鰓鯊是生存在水深達500m以上深海中的深海鯊魚。和大白鯊等標準版鯊魚的模樣不同，牠的身體就像蛇一樣長，因此又被稱為「擬鰻鮫」。此外，由於牠的鼻頭又短又圓，嘴巴在臉部的前端打開等特徵，和生存在3億7000萬年前的裂口鯊（第180頁）等早期鯊魚類似，因此也經常被稱為原始的鯊魚。皺鰓鯊棲息的深海，是陽光照射不到的黑暗世界，高水壓、低水溫、低氧氣等，一般而言對生物來說是個相當嚴酷的環境。不過，由於經過好幾個時代環境也幾乎沒有變化，十分安定，因此對於已經適應這種條件的腔棘魚、鸚鵡螺而言，或許是個相當舒服的環境。

在深海裡棲息著許多幾乎沒有進化，還保留著史前的原始模樣，被稱為「活化石」的生物，而皺鰓鯊也是其中一種。話說回來，將皺鰓鯊和現代鯊魚的頭骨比較後，我們得知連接頭骨和上頷骨的關節部分基本上是相同的。皺鰓鯊連接著頭骨的上頷骨突起，類似於現代角鯊的同類，從這點來看，一般認為皺鰓鯊是角鯊同類的近親。其原始的外表，只是外觀上看似如此而已。

生存年代：

現代

現代　新生代　中生代　古生代

棲息在深海的活化石。

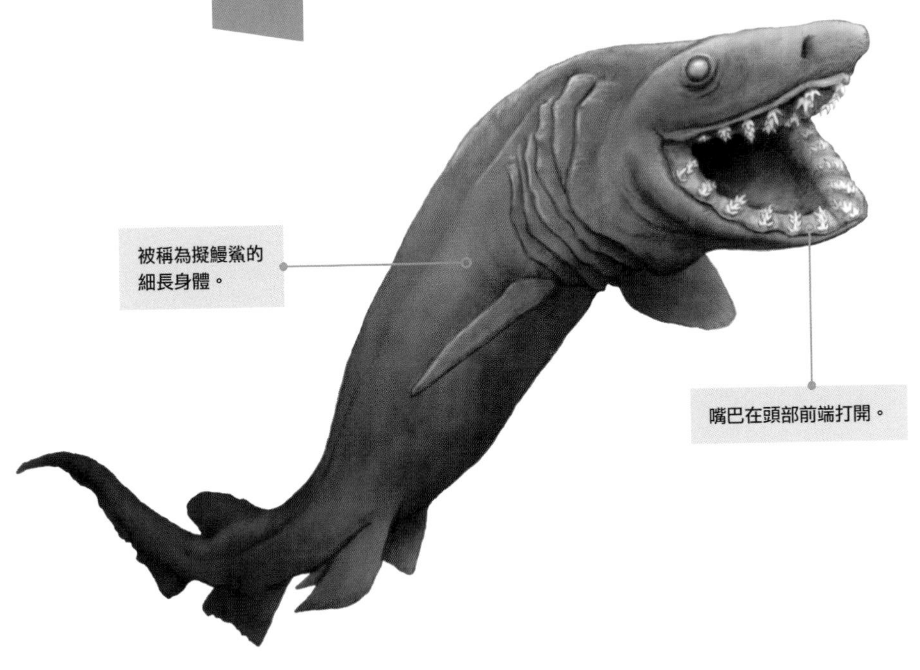

棲息在水深 500m 以上的深海。
被稱為擬鰻鯊的
細長身體。
嘴巴在頭部前端打開。

全長：2 m

Rhincodon typus

鯨鯊

分類：板鰓亞綱　鬚鯊目　鯨鯊科

棲息地：全世界的溫帶海洋

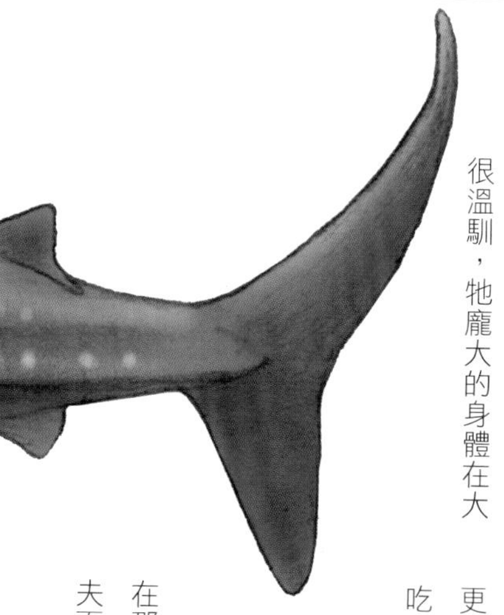

鯨鯊的身體龐大，全長有20m，據說重達數十噸，是現生種中最大型的魚類。許多現代的鯊魚嘴巴都是朝下的，不過鯨鯊的嘴巴長在身體前端，可以橫向大幅度地張開，牙齒如同米粒一般細小。牠的背部從頭到尾巴有5～7條的隆起線。一般說到鯊魚，都會給人凶暴的印象，不過鯨鯊給人的印象很溫馴，牠龐大的身體在大海中優雅游泳的姿態，讓人印象深刻。牠會打開嘴巴，將小魚和微小的浮游生物群體連同海水一起吸入，用鰓「過濾」後只將濾出的食物吃掉。在鬚鯨等大型的海洋動物身上也能看見這種濾食性，比起活動龐大的身體來追捕大型獵物，把嘴巴張開慢慢地游泳，再將無數的浮游生物吞入，這種方法或許更加有效率。由於鯨鯊時常吃浮游生物，因此常出現在

同樣吃浮游生物的沙丁魚等小魚附近。此外，以沙丁魚為食的鰹魚等大型魚類，也經常聚集在那裡，因此對捕鰹魚的漁夫而言，鯨鯊似乎是個顯眼

生存年代：

現代

現代　新生代　中生代　古生代

邊吃浮游生物，邊在大海優雅游泳，世界上最大的鯊魚。

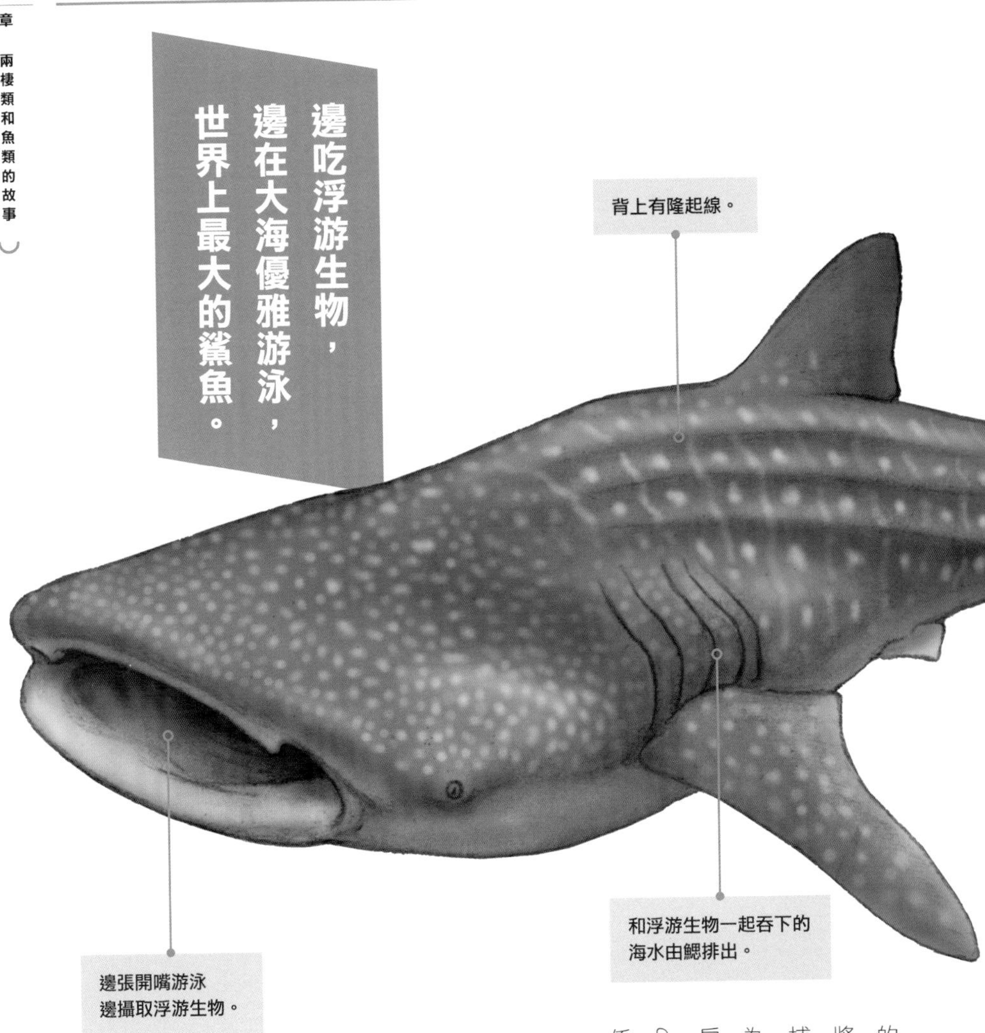

背上有隆起線。
和浮游生物一起吞下的海水由鰓排出。
邊張開嘴游泳
邊攝取浮游生物。

的標誌。日本自古以來，就將鯨鯊視為帶來鰹魚豐收的捕漁之神崇拜，因此也稱牠為「惠比寺鯨」。不過，和扁頭哈那鯊（*Notorynchus cepedianus*）完全沒有關係（注：兩者的日文發音同為「EBISUZAME」）。

全長：13 m

英數字

K-Pg界線 區分地質年代的用語之一。指中生代白堊紀（Cretaceous／德文：Kreide）和新生代古近紀（Paleogene）的界線。一般認為因為隕石墜落而引起的大滅絕，使得恐龍時代迎向終結，並揭開哺乳類時代的序幕。

N／牛頓 力的單位。

1～5畫

三半規管 掌握平衡感的器官。

三角洲 由河川帶來的泥土，在河口附近形成的低平地。

三葉蟲 古生代的代表性海生節肢動物。從寒武紀到古生代結束，共繁盛了3億年。↓**（參考）節肢動物**

大滅絕 在某個時代發生許多種的生物滅絕。

內海 被陸地或島嶼包圍的小型海洋。會透過狹窄的海峽和外海連接。

天敵 對某種生物而言，會攻擊或使繁殖能力下降的其他種生物。

日本菊石 菊石中，貝殼沒有呈螺旋狀漂亮地捲曲，而是扭曲在一起的種類。但是有規則性。↓**（參考）菊石**

水生 指在水中生活。

犬齒 哺乳類擁有的一種牙齒，為圓錐形或鉤形的銳利牙齒。大部分會左右各長一對。

主蹄 鯨偶蹄目中，相當於中指的第3根趾頭，和相當於無名指的第4根趾頭的蹄。承受體重的趾頭。↓**（參考）副蹄**

半海水水域 在河口附近，淡水和海水混雜的地方。

生態地位 該生物所屬族群在生態系中所佔的位置。

生態系 指棲息在特定地區的所有生物，以及包含環境在內的整個系統。

6～10畫

共生 不同種類的生物，一邊互相作用一邊生活。另外也可以指生活在同一個地方。

冰蓋 覆蓋在地表的大面積冰塊。

合弓綱 脊椎動物中，來到陸地上的四足動物的族群之一。一般認為是哺乳類的祖先。

地球暖化 地球的氣候變得溫暖。

地盤 動物的個體或集團所佔有的場所。英文稱territory。

有爪動物 擁有圓筒狀的身體，介於環節動物和節肢動物之間，進化到一半的族群。

羊膜動物 在四足動物中，胚胎時期有羊膜（包覆胎兒和羊水的胚膜）包覆的動物。

臼齒 哺乳類擁有的一種牙齒。位於齒列的後方，用來咬碎、磨碎食物。

低齒冠 指齒冠較低。↓**（參考）齒冠**

卵黃囊 懷孕初期形成，包覆卵黃的袋狀膜。

吻部 動物的嘴巴和周圍向前突出的部位。

育兒袋 雌性的有袋類動物腹部上為了哺育孩子的袋子。

角質 也叫做角蛋白，是一種硬蛋白。

角龍 恐龍中鳥臀目的其中一種，長有三角龍之類的角。

亞目 在生物的分類上，必要時會在目跟科之間設置的小分類。

兩棲 指生活在水中和陸地上。

奇蹄目 馬、犀牛等，蹄的數量是奇數的哺乳類族群。

長頸鹿角 長頸鹿或歐卡皮鹿頭上，被皮膚包覆的角。

沼澤 沼澤，或是指比水深不到1m的沼澤還淺的地方。

近親 血緣相近的關係。

門齒 前面的牙齒。（＝門牙）

咽喉袋 部分的鳥類，下嘴喙的根部到脖子會長有伸縮性的袋狀皮膚。沒有羽毛和體毛。

後宮 多數的雌性服從雄性。

恆溫動物 擁有體溫調節能力，和外在溫度無關，幾乎維持在一定體溫的動物。也叫做溫血動物。↓**（參考）變溫動物**

洄游 棲息在大海或河川的水生生物，定期移動棲息場所的行為。

流線形 指在水流中，以阻力最小的曲線構成的形狀。整體細長，前端圓滑後方尖銳。

盾皮魚綱 古生代泥盆紀時在全世界的大海中繁盛，身上有甲板包覆的魚類。

盾鱗 鯊魚、魟魚等軟骨魚類特有的鱗片，由象牙質或琺瑯質所構成。

胎兒 在哺乳類的母胎內，生產前的小孩。

胎盤 懷孕的雌性子宮所形成的器官，由母體透過臍帶輸送營養或氧氣給胎兒。

胎盤類動物 用叫做胎盤的器官養育胎兒的哺乳類。

飛羽 長在鳥類翅膀後方的邊緣，長而堅硬的羽毛。作用是飛行時用來破風。

食肉目 頷部的咬合力強，擁有銳利的犬齒，作為掠食者完成強化的一種哺乳類。有貓、狗、熊等。

食物鏈 表示生物間獵捕（吃）和被獵捕（被吃）關係的概念。

展示 誇示的行為。繁殖期時雄性對雌性的求愛行為，或是雄性互相威嚇時使用。

氣味腺 動物擁有的腺體，會分泌出散發強烈氣味的分泌液。

海牛目 哺乳類的一種族群，包括在大海生活的儒艮和海牛等。

海生 住在大海的生物。

海百合 和海星、海膽同樣是棘皮動物的一種。不僅有發現許多化石，現在也廣泛分布在淺海到深海的地區，也被稱為活化石。↓（參考）**棘皮動物**

海綿動物 屬於海綿動物門的動物總稱，主要以熱帶的大海為中心，棲息在世界各地的海洋中。譬如海綿。

特有種 只棲息在特定地區的物種。

真盲缺目 鼴鼠、刺蝟等真獸類中最原始的哺乳類族群的總稱。

紡錘狀 圓柱狀的中央較寬、兩端變細的形狀。

索齒獸目 大約一千年前滅絕的大型哺乳類的一個族群。圓柱狀的牙齒合在一起形成一個臼齒，才如此命名。

脊椎骨 構成脊椎動物脊柱的各個骨頭。排列成一個縱列。

脊椎動物 動物門之一，長有背骨、脊椎的族群。↓（參考）**無脊椎動物**

臭氧層 地球的大氣層中，臭氧濃度最高的一個層。由於能吸收來自太陽的紫外線，產生遮蔽的作用，因此臭氧層形成後，生命才能夠從大海來到陸地上。

高齒冠 指齒冠很高。↓（參考）**齒冠**

11～15畫

乾草原 遠離河川、湖泊等水邊的地方，乾燥且空曠的草原，沒有樹木，只有長著矮小的稻科植物。

側對步 同一側的前後腳一起踏地或離地的行走方式。

偶蹄目 擁有2根或4根偶數蹄的哺乳類，是以前的分類。包括長頸鹿、河馬等。↓（參考）**鯨偶蹄目**

副蹄 在鯨偶蹄目中，等同於食指的第2根趾頭，以及等同於小指的第5根趾頭的蹄。就像是附在主蹄旁邊一樣，不會承受體重的趾頭。↓（參考）**主蹄**

基因 從父母傳給孩子，或者從細胞傳遞給細胞，決定形質的因子。

淡水 河川、湖泊等鹽分濃度非常低的水。

淺海 指從海岸到大陸棚外圍的範圍。

淺灘 河川或大海等水邊，水深較淺的地方。

猛禽類 擁有銳利的爪子、嘴喙，會獵捕其他動物的鳥類總稱。

現生 指現在仍存活著。

眼窩 位於頭蓋骨，長有眼球的窟窿。

蛇頸龍 曾經繁盛於中生代三疊紀到白堊紀的海生爬蟲類之一。正如其名脖子很長，但也有脖子較短的群體。

軟骨魚類 由柔軟的骨頭所形成，較為原始的魚類。有鯊魚、魟魚、銀鮫等。

軟體動物 身體柔軟，由（明顯無法區分）頭、足、內臟形成的動物。

魚龍 在中生代廣泛繁盛的一種海生爬蟲類族群。雖然是爬蟲類，外表卻類似鯊魚或海豚。

單性生殖 沒有透過受精，由雌性單獨生出孩子。

棘皮動物 居住在大海中的無脊椎動物的族群。有海星、海膽等。有著球形、圓板形、星形等，向五個方向呈放射對稱形，內部有鈣質骨板或骨片。

棘魚綱 在古生代繁盛，魚鰭上長有尖銳棘的原始魚類。據說是最早擁有下頷的脊椎動物。

無脊椎動物 沒有背骨、脊椎的動物總稱。↓（參考）**脊椎動物**

無頷類 沒有下頷的魚類。

盜獵 違反法律狩獵動物。

硬骨魚類 由堅硬的骨頭形成的魚類。鯊魚或魟魚以外的大多數魚類都屬於這類。↓（**參考**）**軟骨魚類**

紫外線 太陽光含有的一種光線，會和大氣中的氧氣反應而發生臭氧。雖然有殺菌效果，但如果生物過度照射，可能會導致皮膚癌或曬傷。

菊石 生存在古生代志留紀末期（或泥盆紀中期）到中生代白堊紀末期的一種頭足綱生物。特徵是擁有平坦且呈螺旋狀捲曲的貝殼。↓（**參考**）**日本菊石**

嗅球 處理味道分子情報的相關大腦組織。

節肢動物 擁有外骨骼和關節的動物總稱。有昆蟲類、甲殼類、蜘蛛類、蜈蚣類等。

演化樹 表示生物演化關係的圖。由於分支的樣子很像樹木，因此稱為演化樹。

遠洋 離陸地遙遠的大海。

噴氣孔 鯨魚類身上可見，位於頭頂部的鼻孔。也叫做噴水孔。

模式種 指在分類學上記載某種生物時，作為標準的物種。

熱帶草原 在熱帶或亞熱帶的草原。分為明顯的雨季和乾季。雨季時草叢會很茂盛。

箭石 白堊紀末期滅絕的軟體動物。

齒冠 在齒莖上面露出外面的牙齒部位。被琺瑯質覆蓋。另外，齒冠高就叫做高齒冠，齒冠低就叫做低齒冠。

16～24畫

輻射適應 指不同系統的族群，達到同樣的生態系地位時，擁有相似的身體特徵。

龍骨突 長有翅膀的鳥類特有的骨頭。胸部有個叫做龍骨的大型突起狀骨頭，龍骨突指的是中央縱向突起的部分。

瞬膜 保護眼球的透明或半透明的膜。一部分的魚類、兩棲類、許多爬蟲類，以及幾乎所有鳥類都有瞬膜。已知哺乳類中的貓和駱駝也有瞬膜。

翼龍 於中生代繁盛的大型爬蟲類中，長有翅膀的族群總稱。

歸巢本能 回到自己的住處或生長環境的性質或能力。

濾食性 用觸手或鰓過濾食物進食。

獵食 生物獵捕其他生物後進食。

鯨偶蹄目 在以前長頸鹿、河馬等所屬的偶蹄目中，加入藉由基因方法得知是河馬近親的鯨類的新族群。↓（**參考**）**偶蹄目**

變溫動物 會隨著周圍溫度而改變體溫的動物。↓（**參考**）**恆溫動物**

鱗板 相當於烏龜殼的表皮部位，由角質構成。鱗板的內側有相當於肋骨的甲板，烏龜的殼為這種甲板和鱗板的雙層構造。

鹽湖 充滿鹽水的湖泊。也叫做鹽水湖。

學名索引

主要参考文獻

《小学館の図鑑 NEO 大むかしの生物》(小学館)
《小学館の図鑑 NEO 恐竜》(小学館)
《小学館の図鑑 NEO 動物》(小学館)
《小学館の図鑑 NEO 両生類・はちゅう類》(小学館)
《学研の図鑑 大むかしの動物》(学習研究社)
《学研の図鑑 恐竜》(学習研究社)
《学研の図鑑 動物》(学習研究社)
《古代生物大図鑑》D・ディクソン著 R・マシューズ著 小畠郁生監修 熊谷鉱司譯(金の星社)
《最新恐竜学》平山廉著(平凡社)
《恐竜はなぜ鳥に進化したのか》ピーター・D・ウォード著 垂水雄二譯(文藝春秋)
《クジラは昔 陸を歩いていた》大隅清治著(PHP 研究所)
《『生命』とは何か いかに進化してきたのか》ニュートン別冊(ニュートンプレス)
《恐竜の時代 1 億 6000 万年間の覇者》ニュートン別冊(ニュートンプレス)
《ティラノサウルス全百科》北村雄一著 真鍋真監修(小学館)
《恐竜大図鑑 古生物と恐竜》デーヴィッド・ランバート著 ダレン・ナッシュ著 エリザベス・ワイズ著 加藤雄志譯(ネコ・パブリッシング)
《地球大図鑑 EARTH》ジェームス・F・ルール編(ネコ・パブリッシング)
《最新恐竜事典》金子隆一編(朝日新聞出版)
《マンモス絶滅の謎》ピーター・D. ウォード著 犬塚則久譯(ニュートンプレス)
《生物の謎と進化論を楽しむ本》中原英臣著 佐川峻著(PHP 研究所)
《絶滅哺乳類図鑑》冨田幸光著(丸善)
《絶滅動物データファイル》今泉忠明著(祥伝社)
《ヒトのなかの魚、魚のなかのヒト》ニール・シュービン著 垂水雄二譯(早川書房)
《絶滅した哺乳類たち》冨田幸光著(丸善)
《絶滅巨大獣の百科》今泉忠明著(データハウス)
《超大陸 100 億年の地球史》テッド・ニールド著 松浦俊輔譯(青土社)
《生命 40 億年全史》リチャード・フォーティ著 渡辺政隆譯(草思社)
《生命の地球の歴史》丸山茂徳著 磯崎行雄著(岩波書店)
《恐竜 VS ほ乳類 1 億 5 千万年の戦い》小林快次監修(ダイヤモンド社)
《骨から見る生物の進化》ジャン=バティスト・ド・パナフィユー著 小畠郁生監修 吉田春美譯(河出書房新社)
《謎と不思議の生物史》金子隆一著(同文書院)
《特別展 生命大躍進 脊椎動物のたどった道》(国立科学博物館、NHK、NHK プロモーション)
《生物ミステリー PRO デボン紀の生物》土屋健著(技術評論社)
《生物ミステリー PRO 石炭紀・ペルム紀の生物》土屋健著(技術評論社)
《生物ミステリー PRO 三畳紀の生物》土屋健著(技術評論社)
《生物ミステリー PRO ジュラ紀の生物》土屋健著(技術評論社)
《生物ミステリー PRO 白亜紀の生物 上巻》土屋健著(技術評論社)
《生物ミステリー PRO 白亜紀の生物 下巻》土屋健著(技術評論社)
《謎の絶滅動物たち》北村雄一著(大和書房)
《骨格百科スケルトン その凄い形と機能》アンドリュー・カーク著 布施英利監修 和田侑子譯
《絵でわかる古生物学》棚部一成監修 北村雄一著(講談社)

● 作者

川崎 悟司

1973 年出生於大阪府。以恐龍和史前生物為主的生物為創作的主題，於 2001 年開設刊登自己作品的網站「古世界の住人（https://ameblo.jp/oldworld）」，網站上的插畫全都由本人親手繪製。在那之後，從《動く図鑑 MOVE》系列（講談社）開始，以繪製所有生物的插畫家身份進行活動，內容包括圖鑑、書籍或用於學術發表的古代生物復原圖製作等。主要著作有《絶滅した奇妙な動物》（ブックマン社）、《絶滅したふしぎな巨大生物》（PHP 研究所）、《ミョ～な絶滅生物大百科》（廣済堂出版）、《すごい古代生物》（キノブックス）等書。

● 監修

木村 由莉

日本國立科學博物館地學研究部生命進化史研究團隊（研究員）。1983 年出生於長崎縣佐世保，在神奈川縣長大。畢業於早稻田大學教育學部。2006 年至美國德州留學，在南方衛理會大學取得博士學位。接著在美國國立自然歷史博物館擔任博士研究員，2015 年後從事現職。專業是陸棲哺乳類化石，特別是小型哺乳類的進化史和古生態。最近發表了新屬新種的 Eomys 類，為大約 2000 萬年前棲息於日本列島的小型齧齒類。

動物的滅絕與進化圖鑑

讓人出乎意料的動物演化史

2019年11月1日初版第一刷發行
2022年 3 月1日初版第二刷發行

作　　者　川崎悟司
監　　修　木村由莉
譯　　者　黃品玟
編　　輯　邱千容
美術編輯　黃瀞瑢
發 行 人　南部裕
發 行 所　台灣東販股份有限公司
　　　　　＜地址＞台北市南京東路4段130號2F-1
　　　　　＜電話＞（02）2577-8878
　　　　　＜傳真＞（02）2577-8896
　　　　　＜網址＞http://www.tohan.com.tw
郵撥帳號　1405049-4
法律顧問　蕭雄淋律師
總 經 銷　聯合發行股份有限公司
　　　　　＜電話＞（02）2917-8022

Printed in Taiwan

國家圖書館出版品預行編目（CIP）資料

動物的滅絕與進化圖鑑：讓人出乎意料的動物演化史 / 川崎悟司著；黃品玟譯. -- 初版. -- 臺北市：台灣東販, 2019.11
200面；14.8×21公分
譯：ならべてくらべる絶滅と進化の動物史
ISBN 978-986-511-163-2（平裝）

1.生物演化 2.動物行為

362　　　108016501

NARABETE KURABERU ZETSUMETSU TO SHINKA NO DOBUTSUSHI written by Satoshi Kawasaki, supervised by Yuri Kimura